Mes dirigeables

L'histoire de ma vie

Alberto Santos-Dumont

Writat

Cette édition parue en 2024

ISBN : 9789359944197

Publié par
Writat
email : info@writat.com

Contenu

FABLE INTRODUCTIVE
LE RAISONNEMENT DES ENFANTS

Deux jeunes garçons brésiliens se promenaient à l'ombre et conversaient. C'étaient de simples jeunes gens de l'intérieur, ne connaissant que l'abondance des plantations primitives où, sans être dérangée par des dispositifs économisant le travail, la nature rendait à l'homme ses fruits au prix de la sueur de son front.

Ils ignoraient les machines au point qu'ils n'avaient jamais vu de chariot ni de brouette. Les chevaux et les bœufs portaient sur leur dos les fardeaux de la vie dans les plantations, et les ouvriers indiens placides maniaient la bêche et la houe.

Pourtant, c'étaient des garçons attentionnés. A ce moment, ils discutèrent de choses au-delà de tout ce qu'ils avaient vu ou entendu.

"Pourquoi ne pas imaginer un meilleur moyen de transport que le dos des chevaux et des bœufs ?" Luis argumenta. "L'été dernier, j'ai attelé des chevaux à une porte de grange, je l'ai chargé de sacs de maïs et j'ai transporté en un seul chargement ce que dix chevaux n'auraient pas pu emporter sur leur dos. Il est vrai qu'il fallait sept chevaux pour le traîner, tandis que cinq hommes devaient s'asseoir. autour de ses bords et empêcher la charge de tomber.

"Qu'auriez-vous?" répondit Pedro. "La nature exige des compensations. On ne peut pas obtenir quelque chose avec rien ni plus avec moins !"
"Si nous pouvions placer les rouleaux sous la traînée, il faudrait moins de puissance de traction."
"Bah ! la force économisée serait utilisée dans le travail de déplacement des rouleaux."
"Les rouleaux pourraient être attachés à la traînée à des points fixes au moyen de trous traversant leur centre", réfléchit Luis. " Ou pourquoi ne fixerait-on pas des blocs de bois circulaires aux quatre coins de la traînée ?... Regarde, Pedro, là-bas, le long de la route. Qu'est-ce qui arrive ? C'est exactement ce que j'imaginais, mais en mieux ! Un cheval le tire à un bon trot!"
Le premier chariot apparu dans cette région de l'intérieur s'est arrêté et son conducteur a parlé avec les garçons.

« Ces choses rondes ? il répondait à leurs questions ; "on les appelle des roues."

Pedro accepta lentement son explication du principe.

"Il doit y avoir un vice caché dans l'appareil", a-t-il insisté. "Regardez autour de nous. Nulle part la nature n'emploie l'appareil que vous appelez la roue.

Observez le mécanisme du corps humain ; observez la charpente du cheval ; observez...."

"Observez que le cheval, l'homme et le chariot avec ses roues s'éloignent de nous à toute vitesse", répondit Luis en riant. " Ne pouvez-vous pas céder à des faits accomplis ? Vous me fatiguez avec vos appels à la Nature. L'homme a-t-il jamais accompli quelque chose qui vaille qu'en combattant la Nature ? On lui fait violence quand on abattre un arbre ! J'irais plus loin que cette invention du chariot. Concevez une force motrice plus puissante que ce cheval...."

"Attachez deux chevaux au chariot."

"Je veux dire une machine", a déclaré Luis.

"Un cheval mécanique avec de puissantes jambes de fer !" suggéra Pedro.

"Non, j'aurais un chariot à moteur. Si je pouvais trouver une force artificielle, je la ferais agir sur un point de la circonférence de chaque roue. Le chariot pourrait alors porter son propre extracteur !"

"Autant tenter de vous soulever du sol en tirant sur les sangles de vos bottes !" rit Pedro. "Écoutez, Luis. L'homme est soumis à certaines lois naturelles. Le cheval, il est vrai, porte plus que son propre poids, mais par un dispositif propre à la Nature : ses jambes. Si vous aviez la force artificielle dont vous rêvez, vous auriez dû appliquez-le naturellement. Je l'ai ! Il faudrait l'appliquer sur des poteaux pour pousser votre chariot par derrière !"

"Je m'en tiens à appliquer la force sur les roues", a insisté Luis.

"De par la nature des choses, vous perdriez le pouvoir", a déclaré Pedro. "Il est plus difficile de forcer une roue à partir d'un point situé à l'intérieur de sa circonférence que lorsque la force motrice est appliquée directement à cette circonférence, par exemple en poussant ou en tirant le chariot."

"Pour soulager les frictions, je ferais rouler mon chariot élévateur sur des rails en fer lisses, puis la perte de puissance serait gagnée en vitesse."

"Des rails de fer lisses !" rit Pedro. "Eh bien, les roues glisseraient dessus. Il faudrait faire des encoches tout autour de leur circonférence et des encoches correspondantes dans les rails. Et qu'y aurait-il pour empêcher le chariot à moteur de glisser des rails même alors ?"

Les garçons marchaient d'un bon pas. Maintenant, un bruit hurlant les fit sursauter. Devant eux s'étendait en longues files une voie ferrée en construction, et du milieu des collines arrivait vers eux, à une vitesse qui semblait immense, un train de construction.

"C'est une avalanche !" s'écria Pedro.

"C'est exactement ce dont je rêvais !" dit Luis.

Le train s'est arrêté. Une équipe d'ouvriers en sortit et commença à travailler sur la plate-forme, tandis que le mécanicien de locomotive répondait aux questions des garçons et leur expliquait le mécanisme de sa machine. Les garçons discutèrent de cette merveille ultérieure alors qu'ils rentraient chez eux.

"Pourrait-il être adapté au fleuve, les hommes pourraient devenir seigneurs de l'eau comme de la terre", a déclaré Luis. « Il suffirait de concevoir des roues capables de retenir l'eau. Fixez-les à un grand châssis comme cette caisse de wagon, et la machine à vapeur pourrait la propulser à la surface du fleuve !

"Maintenant, tu dis des bêtises", s'est exclamé Pedro. " Un poisson flotte-t-il à la surface ? Dans l'eau, nous devons nous déplacer comme le poisson, dans l'eau et non au-dessus ! La carrosserie de votre chariot, remplie d'air léger, se renverserait au premier mouvement. Et vos roues, n'est-ce pas ? imaginez-vous qu'ils s'empareraient d'une chose aussi liquide que l'eau ? »

"Que suggérerais-tu?"

"Je suggérerais que votre chariot à eau soit articulé à une demi-douzaine d'endroits, afin qu'il puisse se tortiller dans l'eau comme un poisson. Écoutez ! Un poisson navigue sur l'eau. Vous désirez naviguer sur l'eau. Alors étudiez le poisson ! Il y a des poissons qui utilisent aussi des nageoires et des palmes. Vous pourriez donc imaginer de larges planches pour frapper l'eau, comme nos mains et nos pieds la frappent en nageant. Mais ne parlez pas de roues de chariot dans l'eau !

Ils étaient maintenant au bord du large fleuve. Le premier bateau à vapeur à y naviguer a été aperçu de loin. Les garçons ne parvenaient pas encore à bien le distinguer.

"C'est évidemment une baleine", a déclaré Pedro. "Qu'est-ce qui navigue sur l'eau ? Le poisson. Quel est le poisson qu'on voit parfois nager avec son corps à mi-hauteur de la surface ? La baleine. Vous voyez, elle jaillit de l'eau !"

"Ce n'est pas de l'eau, mais de la vapeur ou de la fumée", a déclaré Luis.

"Alors c'est une baleine morte, et la vapeur est la vapeur de putréfaction. C'est pourquoi elle reste si haut dans l'eau : une baleine morte s'élève haut sur son dos !"
"Non," dit Luis; "c'est vraiment un chariot à eau et à vapeur."
"Avec de la fumée provenant d'un feu, comme de la locomotive ?"
"Oui."
"Mais le feu le consumerait..."
"Le corps est sans doute en fer, comme la locomotive."

"Le fer coulerait. Jetez votre hache dans la rivière et voyez."
Le bateau à vapeur arriva à terre, près des garçons. Courant vers lui, à leur grande joie, ils aperçurent sur le pont un vieil ami de leur famille, un planteur voisin.
"Venez, les garçons !" dit-il, "et je vais vous faire visiter ce bateau à vapeur."

Après une longue inspection des machines, les deux garçons s'assirent avec leur vieil ami sur le pont avant, à l'ombre d'un auvent.

"Pedro", dit Luis, "les hommes n'inventeront-ils pas un jour un navire pour naviguer dans le ciel ?"

Le vieux planteur de bon sens jeta un coup d'œil avec appréhension au visage du jeune homme, rouge d'ardeur.

"As-tu été beaucoup au soleil, Luis ?" Il a demandé.

"Oh, il parle toujours de cette façon légère", le rassura Pedro. "Il y prend plaisir."

"Non, mon garçon", dit le planteur; "L'homme ne dirigera jamais un navire dans le ciel."

"Mais la veille de la Saint-Jean, quand nous faisons tous des feux de joie, nous envoyons aussi de petites sphères de papier de soie contenant de l'air chaud", a insisté Luis. "Si nous pouvions en construire un très grand, assez grand pour soulever un homme, une voiture légère et un moteur, l'ensemble du système ne pourrait-il pas être propulsé dans les airs, comme un bateau à vapeur est propulsé dans l'eau ?"

"Les garçons, ne dites jamais de bêtises !" s'écria précipitamment le vieil ami de la famille à l'approche du capitaine du bateau. C'était trop tard. Le capitaine avait entendu l'observation du garçon ; au lieu de traiter cela de folie, il l'excusa.

« Le grand ballon que vous imaginez existe depuis 1783, dit-il ; " mais, bien que capable de transporter un ou plusieurs hommes, il ne peut être contrôlé : il est à la merci de la moindre brise. Dès 1852, un ingénieur français nommé Giffard fit un brillant échec avec ce qu'il appelait un " ballon dirigeable ". ", équipé du moteur et de l'hélice dont Luis a rêvé. Tout ce qu'il a fait, c'est démontrer l'impossibilité de diriger un ballon dans les airs."

"La seule façon serait de construire une machine volante sur le modèle de l'oiseau", a déclaré Pedro avec autorité.

"Pedro est un garçon très sensé", observa le vieux planteur. "C'est dommage que Luis ne lui ressemble pas plus et soit moins visionnaire. Dis-moi, Pedro, comment en es-tu arrivé à te décider en faveur de l'oiseau plutôt que du ballon ?"

"Facilement", répondit Pedro avec désinvolture. "C'est le bon sens le plus ordinaire. L'homme vole-t-il ? Non. L'oiseau vole-t-il ? Oui. Alors, si l'homme voulait voler, qu'il imite l'oiseau. La nature a créé l'oiseau, et la nature ne se trompe jamais. L'oiseau avait-il été équipé d'un grand airbag, j'aurais pu suggérer un ballon.

"Exactement!" s'exclamèrent le capitaine et le planteur.

Mais Luis, assis dans son coin, marmonnait, aussi peu convaincu que Galilée : « Ça va bouger !

CHAPITRE I
LA PLANTATION DE CAFÉ

Vu la manière dont les partisans de la nature se sont jetés sur moi, je pourrais bien être le Luis mal informé et visionnaire de la fable, car n'est-il pas tenu pour acquis que j'ai commencé mes expériences en ignorant aussi bien la mécanique que les ballons ? Et avant que mes expériences ne réussissent, n'étaient-elles pas toutes qualifiées d'impossibles ?

La condamnation définitive du bon sens Pedro ne continue-t-elle pas à me peser ?

Après avoir dirigé mon vaisseau dans le ciel à volonté, on me dit toujours que les créatures volantes sont plus lourdes que l'air. Un peu plus et je serais rendu responsable des accidents tragiques d'autres qui n'avaient pas mon expérience de la mécanique et de l'aéronautique.

Dans l'ensemble, je pense donc qu'il est préférable de commencer par la plantation de café où je suis né en 1873.

PLANTATION FERROVIAIRE
PLANTATION DE CAFÉ SANTOS-DUMONT AU BRÉSIL

Les habitants de l'Europe se représentent comiquement ces plantations brésiliennes comme des stations primitives de la pampa sans limites, aussi innocentes de la charrette et de la brouette que de la lumière électrique et du téléphone. Il existe de telles stations loin à l'intérieur du pays. Je les ai croisés lors de voyages de chasse, mais ce ne sont pas les plantations de café de Sao-Paulo.

Je peux difficilement imaginer un environnement plus stimulant pour un garçon qui rêve d'inventions mécaniques. A l'âge de sept ans, j'avais le droit de conduire nos « locomobiles » de l'époque, machines à vapeur des champs à traction à grandes roues larges. À l'âge de douze ans, j'avais conquis ma place dans les cabines des locomotives Baldwin transportant des trains chargés de café vert sur les soixante milles de notre chemin de fer de plantation. Quand mon père et mes frères prenaient plaisir à faire des promenades à cheval de loin en près, pour voir si les arbres étaient propres, si les récoltes poussaient, si les pluies avaient fait des dégâts, je préférais me glisser aux Travaux et jouer avec les machines à café.

Je pense que l'on ne comprend généralement pas comment une plantation de café brésilienne peut être exploitée scientifiquement. Depuis le moment où un train ferroviaire a amené les baies vertes à l'usine jusqu'au moment où le produit fini et assorti est chargé sur les navires transatlantiques, aucune main humaine ne touche le café.

Vous savez que les baies de café noir sont rouges lorsqu'elles sont vertes. Même si cela peut compliquer la déclaration, elles ressemblent à des cerises. Des wagons chargés en sont déchargés aux usines centrales et jetés dans de grands réservoirs, où l'eau est continuellement renouvelée et agitée. La boue qui s'est accrochée aux baies à cause des pluies, et les petits cailloux qui s'y sont mêlés lors du chargement des wagons, vont au fond, tandis que les baies et les petits bâtons et morceaux de feuilles flottent à la surface et sont transporté du réservoir au moyen d'une auge inclinée dont le fond est percé d'innombrables petits trous. Par ces trous tombe une partie de l'eau avec les baies, tandis que les petits bâtonnets et les morceaux de feuilles flottent.

LES TRAVAUX

" LOCOMOBILE "

LA PLANTATION DE CAFÉ SANTOS-DUMONT AU BRÉSIL

Les grains de café tombés sont désormais propres. Elles sont encore rouges, de la taille et de l'aspect des cerises. L'extérieur rouge est une cosse dure ou *polpa* . À l'intérieur de chaque cosse se trouvent deux haricots, chacun étant recouvert d'une peau qui lui est propre. L'eau qui est tombée avec les baies les transporte vers la machine appelée *despolpador* , qui brise la gousse extérieure et libère les fèves. De longs tubes, appelés « séchoirs », reçoivent désormais les fèves, encore humides et avec leur peau encore dessus. Dans ces séchoirs, les grains sont continuellement agités à l'air chaud.

Le café est très délicat. Il faut le manipuler avec délicatesse. C'est pourquoi les grains secs sont soulevés par les coupelles d'un élévateur à chaîne sans fin jusqu'à une hauteur d'où ils glissent le long d'une auge inclinée jusqu'à un autre bâtiment en raison du risque d'incendie. C'est la maison des machines à café.

La première machine est un ventilateur dans lequel les tamis, secoués d'avant en arrière, sont combinés de manière à ce que seuls les grains de café puissent passer à travers eux. Aucun café n'y est perdu et aucune saleté n'y est retenue, car une petite pierre ou un petit bâton qui aurait pu encore être transporté avec les grains suffirait à briser la machine suivante.

Un autre élévateur à chaîne sans fin transporte les grains jusqu'à une hauteur d'où ils tombent à travers une auge inclinée dans ce *descascador* ou « écorcheur ». C'est une machine très délicate ; si les espaces entre eux sont un peu trop grands, le café passe sans être pelé, tandis que s'ils sont trop petits, ils cassent les grains.

Un autre ascenseur transporte les haricots écorchés avec leur peau vers un autre ventilateur, dans lequel les peaux sont soufflées.

Un autre élévateur encore prend les grains maintenant propres et les jette dans le « séparateur », un grand tube de cuivre de deux mètres de diamètre et environ sept mètres de long, reposant légèrement en pente. Le café glisse à travers le tube séparateur. Comme il est d'abord percé de petits trous, les petits grains tombent à travers eux. Plus loin, il est percé de trous plus grands, et à travers ceux-ci tombent les grains de taille moyenne, et encore plus loin se trouvent des trous encore plus grands, pour les gros grains ronds appelés « Moka ».

La machine est un séparateur car elle sépare les grains en catégories conventionnelles selon leur taille. Chaque qualité tombe dans sa trémie, sous laquelle se trouvent des balances et des hommes avec des sacs de café. Au fur et à mesure que les sacs atteignent le poids requis, ils sont remplacés par des sacs vides, et les sacs liés et étiquetés sont expédiés vers l'Europe.

Enfant, je jouais avec cette machinerie et les moteurs qui en fournissaient la force motrice, et peu de temps après, l'habitude m'avait appris à en réparer n'importe quelle pièce. Comme je l'ai dit, c'est une machinerie délicate. En particulier, les tamis mobiles seraient continuellement en panne. Même s'ils n'étaient pas lourds, ils se déplaçaient horizontalement à grande vitesse et consommaient une énorme quantité de force motrice. Les courroies étaient constamment changées et je me souviens des efforts infructueux de chacun d'entre nous pour remédier aux défauts mécaniques de l'appareil.

N'est-il pas curieux que ces tamis mobiles gênants soient les seules machines des usines à café qui n'étaient pas rotatives ? Ils n'étaient pas rotatifs et ils étaient mauvais. Je pense que cela m'a mis, étant enfant, contre tous les dispositifs *d'agitation* en mécanique et en faveur du mouvement rotatif plus facile à manipuler et à entretenir.

Il se peut que d'ici un demi-siècle l'homme parviendra à maîtriser l'air grâce à des machines volantes plus lourdes que le milieu dans lequel elles se déplacent. J'attends ce moment avec espoir, et à l'heure actuelle je suis allé plus loin que tout autre pour le rencontrer, parce que mes propres dirigeables (à qui l'on a tant reproché sur ce point) sont légèrement plus lourds que l'air. Mais j'ai suffisamment de préjugés pour penser que le moment venu, le moyen de conquête ne sera pas des battements d'ailes ou tout autre substitut de nature agitatrice.

Je ne peux pas dire à quel âge j'ai fabriqué mes premiers cerfs-volants, mais je me souviens comment mes camarades me taquinaient à notre partie de "Pigeon vole!" Tous les enfants se rassemblent autour d'une table et l'animateur crie : « Le pigeon vole ! "La poule vole !" "Mouches oiseau!" "L'abeille vole!" et ainsi de suite, et à chaque appel, nous étions censés lever le doigt. Parfois, cependant, il criait « Le chien vole ! » "Le renard vole !" ou une autre impossibilité semblable, de nous attraper. Si quelqu'un levait le petit doigt, il devait payer un forfait. Désormais, mes camarades de jeu ne manquaient jamais de me faire un clin d'œil et de me sourire moqueusement lorsque l'un d'eux m'appelait « L'homme vole ! » car à ce mot je levais toujours le doigt très haut, en signe de conviction absolue, et je refusais avec énergie de payer le forfait.

Parmi les milliers de lettres que j'ai reçues après avoir remporté le prix Deutsch, il y en a une qui m'a fait particulièrement plaisir. J'en cite par curiosité :

"... Te souviens-tu de l'époque, mon cher Alberto, où nous jouions ensemble "Pigeon vole!"? Cela m'est revenu tout à coup le jour où la nouvelle de ton succès est arrivée à Rio.

"'L'homme vole !' mon vieux ! Tu as eu raison de lever le doigt, et tu viens de le prouver en faisant le tour de la Tour Eiffel.

" Vous avez eu raison de ne pas payer le forfait ; c'est M. Deutsch qui l'a payé à votre place. Bravo ! vous méritez bien les 100 000 francs du prix.

« On joue plus que jamais à l'ancien jeu à la maison, mais le nom a été changé et les règles modifiées depuis le 19 octobre 1901. On l'appelle désormais « L'homme vole ! et celui qui ne lève pas le doigt à ce mot paie son forfait.

Ton ami,

PÉDRO ."

Cette lettre me rappelle les jours les plus heureux de ma vie, où je m'exerçais à fabriquer des avions légers avec des morceaux de paille, mus par des hélices à vis entraînées par des ressorts de caoutchouc torsadé, ou d'éphémères ballons en papier de soie. Chaque année, le 24 juin, au cours des feux de la Saint-Jean, coutumiers au Brésil de longue tradition, je gonflais des flottes entières de ces petits Montgolfiers et regardais avec extase leur ascension vers les cieux.

À cette époque, je l'avoue, mon auteur préféré était Jules Verne. L'imagination saine de ce véritable grand écrivain, travaillant comme par magie avec les lois immuables de la matière, m'a fasciné dès l'enfance. Dans ses conceptions audacieuses, j'ai vu, sans aucun doute, la mécanique et la science des âges à venir, où l'homme, par son génie seul, devrait s'élever à la hauteur d'un demi-dieu.

Avec le capitaine Nemo et ses naufragés, j'ai exploré les profondeurs de la mer à bord du premier sous-marin qu'était le *Nautilus* . Avec Phineas Fogg, j'ai fait le tour du monde en quatre-vingts jours. Dans "Screw Island" et "The Steam House", ma foi d'enfant a surgi pour saluer les ultimes triomphes d'un automobilisme qui, à cette époque, n'avait pas encore de nom. Avec Hector Servadoc, j'ai navigué dans les airs.

J'ai vu mon premier ballon en 1888, alors que j'avais une quinzaine d'années. Il y avait une foire ou une fête quelconque dans la ville de Sao-Paulo, et un professionnel a fait l'ascension, se laissant ensuite descendre en parachute. Je connaissais alors parfaitement l'histoire de Montgolfier et l'engouement pour les ballons qui, à la suite de ses courageuses et brillantes expériences, marquèrent si significativement les dernières années du XVIIIe siècle et les premières années du XIXe siècle. J'avais dans mon cœur un culte admiratif pour les quatre hommes de génie, Montgolfier et le physicien Charles, Pilâtre de Rozier et l'ingénieur Henry Giffard, qui ont attaché à jamais leur nom aux grands progrès de la navigation aérienne.

Moi aussi, j'avais envie de faire de la montgolfière. Dans les longs après-midi brésiliens ensoleillés, quand le bourdonnement des insectes, ponctué par le cri lointain d'un oiseau, me berçait, je m'allongeais à l'ombre de la véranda et contemplais le beau ciel du Brésil, où les oiseaux volent si haut et s'élancent avec tant d'aisance sur leurs grandes ailes déployées, là où les nuages montent si gaiement dans la pure lumière du jour, et il suffit de lever les yeux pour tomber amoureux de l'espace et de la liberté. Ainsi, en réfléchissant à l'exploration du vaste océan aérien, j'ai moi aussi conçu des dirigeables et des machines volantes dans mon imagination.

Ces imaginations, je les gardais pour moi. À cette époque, au Brésil, parler d'inventer une machine volante ou un ballon dirigeable aurait été se qualifier de déséquilibré et de visionnaire. Les aérostiers sphériques étaient considérés comme des professionnels audacieux, ne différant pas beaucoup des acrobates ; et pour un fils de planteur, rêver de les imiter aurait été presque un péché social.

CHAPITRE II
PARIS—ASCENSEURS PROFESSIONNELS—AUTOMOBILES

En 1891, il fut décidé que notre famille ferait un voyage à Paris, et cette perspective me réjouit doublement. On dit que tous les bons Américains vont à Paris après leur mort. Mais pour moi, avec le parti pris de ma lecture, la France – terre des ancêtres de mon père et de sa propre formation d'ingénieur à l'École Centrale – représentait tout ce qu'il y avait de puissant et de progressiste.

En France, le premier ballon à hydrogène avait été lâché et le premier dirigeable avait été conçu pour naviguer dans les airs avec sa machine à vapeur, son hélice et son gouvernail. Naturellement, je me suis dit que le problème avait fait des progrès notables depuis qu'Henry Giffard, en 1852, avec un courage égal à sa science, avait fait sa démonstration magistrale du problème de la direction des ballons.

Je me suis dit : « Je vais à Paris voir les nouveautés : les ballons dirigeables et les automobiles !

**HENRIQUES SANTOS-DUMONT
PÈRE DE A. SANTOS-DUMONT ET FONDATEUR DES
PLANTATIONS DE CAFÉ AU BRÉSIL**

C'est pourquoi, lors d'un de mes premiers après-midi libres, je me suis éloigné de la famille pour un voyage d'exploration. A mon immense étonnement, j'appris qu'il n'existait pas de ballons orientables, qu'il n'existait que des ballons sphériques, comme celui de Charles en 1783 ! En fait, personne n'avait poursuivi les essais d'un ballon allongé entraîné par un moteur thermique commencés par Henry Giffard. Les essais de tels ballons à moteur électrique, entrepris par les frères Tissandier en 1883, avaient été répétés par deux constructeurs l'année suivante, mais avaient été finalement abandonnés en 1885. Pendant des années, aucun ballon « en forme de cigare » n'avait été vu. dans l'air.

Cela m'a ramené au ballon sphérique. En consultant l'annuaire de la ville de Paris, j'avais noté l'adresse d'un aéronaute professionnel. Je lui ai expliqué mes envies.

"Tu veux faire une ascension ?" » demanda-t-il gravement. "Hum ! hum ! Tu es sûr d'avoir le courage ? Une ascension en montgolfière n'est pas une mince affaire et tu as l'air trop jeune."

Je l'ai assuré de mon intention et de mon courage. Peu à peu, il céda à mes arguments. Finalement, il consentit à m'emmener « pour une courte ascension ». Cela doit se dérouler par un après-midi calme et ensoleillé et ne pas durer plus de deux heures.

« Mes honoraires seront de 1200 francs, ajouta-t-il, et vous devrez me signer un contrat par lequel vous vous tiendrez responsable de tous les dommages que nous pourrions causer à votre vie et à votre intégrité physique et à la mienne, aux biens des tiers et aux biens des autres. ballon et ses accessoires. De plus, vous vous engagez à prendre en charge les frais de transport ferroviaire et de transport du ballon et de sa nacelle jusqu'à Paris à partir du point où nous arrivons au sol.

J'ai demandé un temps de réflexion. Pour un jeune de dix-huit ans, 1200 francs, c'était une grosse somme. Comment pourrais-je justifier cette dépense auprès de mes parents ? Puis j'ai réfléchi :

"Si je risque 1200 francs pour le plaisir d'un après-midi, je le trouverai bien ou mal. Si c'est mal, l'argent sera perdu. Si c'est bien, j'aurai envie de le répéter et je n'en aurai pas les moyens."

Cela m'a décidé. J'ai malheureusement abandonné le vol en montgolfière et me suis réfugié dans l'automobile.

Les automobiles étant encore rares à Paris en 1891, je dus me rendre à l'usine de Valentigny pour acheter ma première machine, un roadster Peugeot de trois chevaux et demi.

C'était une curiosité. A cette époque, il n'y avait pas de permis automobile, pas d'examen de chauffeur. Nous avons conduit nos nouvelles inventions dans les rues de la capitale à nos risques et périls. La curiosité qu'ils suscitaient était telle que je n'étais pas autorisé à m'arrêter dans des lieux publics comme la place de l'Opéra, de peur d'attirer des multitudes et de gêner la circulation.

Immédiatement, je suis devenu un passionné d'automobile. J'ai pris plaisir à comprendre les pièces et leur bon fonctionnement ; J'ai appris à prendre soin de ma machine et à la réparer ; et quand, au bout de sept mois environ, toute notre famille est revenue au Brésil, j'ai pris le roadster Peugeot avec moi.

De retour à Paris en 1892, toujours obsédé par l'idée du ballon, je recherchai plusieurs autres aéronautes professionnels. Comme les premiers, tous voulaient des sommes extravagantes pour m'emmener avec eux dans la plus triviale des ascensions. Tous ont adopté la même attitude. Ils ont fait du ballon un danger et une difficulté, en augmentant les risques pour la vie et les biens. Même en présence des prix avantageux qu'ils proposaient de me facturer, ils ne m'ont pas encouragé à conclure avec eux. De toute évidence, ils étaient déterminés à continuer à se confiner dans un mystère professionnel. J'ai donc acheté une nouvelle automobile.

Je dois ajouter que cet état de choses a merveilleusement changé depuis la création de l'Aéro Club de Paris.

Les tricycles automobiles faisaient alors leur apparition. J'en ai choisi un et je me suis réjoui de son absence de panne. Dans mon nouvel enthousiasme pour ce type, j'ai été le premier à introduire les courses de moto-tricycles à Paris. Louant la piste cyclable du Parc des Princes pour un après-midi, j'ai organisé la course et offert les prix. Les gens de « bon sens » ont déclaré que l'événement se terminerait de manière désastreuse ; ils prouvèrent à leur propre satisfaction que les tricycles, parcourant les courbes courtes d'une piste cyclable, se renverseraient et se briseraient. S'ils ne le faisaient pas, l'inclinaison provoquerait certainement l'arrêt du carburateur ou son mauvais fonctionnement, et l'arrêt du carburateur autour d'un virage serré perturberait les tricycles. La direction du Vélodrome, tout en acceptant mon argent, a refusé de me laisser la piste pour un dimanche après-midi, craignant un fiasco ! Ils ont été déçus lorsque la course s'est avérée être un grand succès.

De retour au Brésil, je regrettai amèrement de ne pas avoir persévéré dans ma tentative de faire une ascension en ballon. A cette distance, loin des possibilités de montgolfière, même les prix élevés exigés par les aéronautes me semblaient d'une importance secondaire. Enfin, un jour de 1897, dans une librairie de Rio, en faisant mes achats de lectures pour un nouveau voyage à Paris, je tombai sur un volume de MM. Lachambre et Machuron, « Andrée—Au Pôle Nord en Ballon ».

La lecture de ce livre au cours du long voyage en mer fut pour moi une révélation, et je finis par l'étudier comme un manuel. Sa description des matériaux et des prix m'a ouvert les yeux. Enfin, j'ai vu clairement. L'immense ballon d'Andrée, dont une reproduction de la photographie sur la couverture du livre montre comment ceux qui lui ont donné le vernis final ont grimpé sur ses flancs et sur son sommet comme une montagne, n'a coûté que 40 000 francs à construire et à équiper entièrement !

J'ai décidé qu'en arrivant à Paris, je cesserais de consulter les aéronautes professionnels et que je ferais la connaissance des constructeurs.

J'avais particulièrement hâte de rencontrer M. Lachambre, le constructeur du ballon Andrée, et M. Machuron, qui était son associé et l'auteur du livre. Je dirai franchement que j'ai trouvé chez ces hommes tout ce que j'espérais. Lorsque j'ai demandé à M. Lachambre combien il me coûterait de faire un court voyage dans un de ses ballons, sa réponse m'a tellement étonné que je lui ai demandé de la répéter.

"Pour un long voyage de trois ou quatre heures, dit-il, cela vous coûtera 250 francs, tous frais et retour du ballon par chemin de fer compris".

"Et les dégâts ?" J'ai demandé.

"Nous ne ferons aucun dégât !" répondit-il en riant.

Je me rapprochai de lui sur-le-champ, et M. Machuron accepta de me reprendre le lendemain.

CHAPITRE III
MA PREMIÈRE ASCENSION EN BALLON

J'ai gardé le souvenir le plus net des sensations délicieuses que j'ai éprouvées lors de mon premier essai dans les airs. Je suis arrivé tôt au Parc d'Aérostation de Vaugirard pour ne rien perdre des préparatifs.

Le ballon, d'une capacité de 750 mètres cubes, gisait à plat sur l'herbe. Sur un signal de M. Lachambre, les ouvriers ouvrirent le gaz, et bientôt la chose informe se rassembla en une grande sphère et s'éleva dans les airs.

A 11 HEURES, tout était prêt. La nacelle se balançait joliment sous le ballon qu'une brise douce et fraîche caressait. Impatient de partir, je me tenais dans mon coin de l'étroit panier en osier avec un sac de lest à la main. Dans l'autre coin, M. Machuron a donné le mot : « Lâchez tous !

Soudain, le vent cessa. L'air semblait immobile autour de nous. Nous partions, allant à la vitesse du courant d'air dans lequel nous vivions et nous déplacions désormais. En effet, pour nous, il n'y avait plus de vent ; et c'est le premier grand fait de tout ballonnement sphérique. Ce mouvement insensible vers l'avant et vers le haut est infiniment doux. L'illusion est complète : ce n'est pas le ballon qui semble bouger mais la terre qui s'enfonce et s'éloigne.

Au fond de l'abîme, qui s'ouvrait déjà à 1,500 mètres au-dessous de nous, la terre, au lieu d'apparaître ronde comme une boule, se montre concave comme une cuvette par un phénomène singulier de réfraction qui a pour effet de soulever constamment aux yeux de l'aéronaute le cercle. de l'horizon.

Villages et bois, prairies et châteaux traversent ce paysage mouvant, d'où le sifflement des locomotives jette des notes aiguës. Ces sons faibles et perçants, ainsi que les jappements et les aboiements des chiens, sont les seuls bruits qui parviennent à l'homme dans les profondeurs de l'air supérieur. La voix humaine ne peut pas monter dans ces solitudes sans limites. Les êtres humains ressemblent à des fourmis le long des lignes blanches que sont les autoroutes, et les rangées de maisons ressemblent à des jouets d'enfants.

Alors que mon regard était toujours fasciné par la scène, un nuage passa devant le soleil. Son ombre refroidissait le gaz du ballon, qui se plissa et commença à descendre, d'abord doucement, puis avec une vitesse accélérée, contre laquelle nous luttions en jetant du lest. C'est le deuxième grand fait du vol en ballon sphérique : nous sommes maîtres de notre altitude grâce à la possession de quelques kilos de sable !

En retrouvant notre équilibre au-dessus d'un plateau nuageux à environ 3000 mètres, nous bénéficions d'une vue magnifique. Le soleil projetait l'ombre du ballon sur cet écran d'une blancheur éblouissante, tandis que nos propres profils, agrandis à des dimensions géantes, apparaissaient au centre d'un triple arc-en-ciel ! Comme nous ne pouvions plus voir la terre, toute sensation de mouvement cessa. Nous avançons peut-être à la vitesse d'une tempête sans le savoir. Nous ne pouvions même pas connaître la direction que nous prenions, sauf en descendant sous les nuages pour reprendre nos repères.

Un joyeux carillon de cloches s'élève vers nous. C'était l'Angélus de midi qui sonnait depuis le beffroi d'un village. J'avais apporté avec nous un déjeuner copieux composé d'œufs durs, de rôti de bœuf et de poulet froids, de fromage, de glaces, de fruits et de gâteaux, de champagne, de café et de Chartreuse. Rien de plus délicieux que de déjeuner ainsi au-dessus des nuages dans un ballon sphérique. Aucune salle à manger ne peut être aussi merveilleuse dans sa décoration. Le soleil met les nuages en ébullition, leur faisant lancer des jets arc-en-ciel de vapeur glacée comme de grandes gerbes de feux d'artifice tout autour de la table. De jolies paillettes blanches de la formation de glace la plus délicate se dispersent ici et là par magie ; tandis que des flocons de neige se forment d'instant en instant, du néant, sous nos yeux et dans nos verres mêmes.

Je terminais mon petit verre de liqueur quand le rideau tomba soudain sur ce merveilleux décor de soleil, de nuages et d'azur. Le baromètre s'élève rapidement de 5 millimètres, témoignant d'une brusque rupture d'équilibre et d'une descente rapide. Le ballon était probablement chargé de plusieurs kilos de neige et tombait dans un nuage.

Nous sommes entrés dans la pénombre du brouillard. Nous voyions encore notre nacelle, nos instruments et les parties du gréement les plus proches de nous, mais le filet qui nous retenait au ballon n'était visible que jusqu'à une certaine hauteur, et le ballon lui-même avait complètement disparu. Nous avons donc eu un instant la sensation étrange et délicieuse d'être suspendus dans le vide sans appui, d'avoir perdu notre dernière once de poids dans les limbes du néant, sombre et inquiétant.

Après quelques minutes de chute, ralenties par des rejets de lest supplémentaires, nous nous retrouvons sous les nuages, à environ 300 mètres du sol. Un village s'est enfui devant nous en contrebas. Nous nous sommes repérés à la boussole et avons comparé notre carte d'itinéraire avec l'immense carte naturelle qui se déroulait en contrebas. Bientôt, nous pûmes identifier des routes, des voies ferrées, des villages et des forêts, tous se précipitant vers nous depuis l'horizon avec la rapidité du vent lui-même.

La tempête qui nous avait envoyé vers le bas marquait un changement de temps. De petites rafales commencèrent alors à pousser le ballon de droite à gauche, de haut en bas. De temps en temps, la corde de guidage – une grande corde qui pendait à 100 mètres au-dessous de notre panier – touchait la terre, et bientôt le panier commençait lui aussi à frôler la cime des arbres.

Ce qu'on appelle le « guide-cordage » a donc commencé pour moi dans des conditions particulièrement instructives. Nous avions un sac de lest sous la main, et lorsqu'un obstacle spécial se dressait sur notre chemin, comme un arbre ou une maison, nous jetions quelques poignées de sable pour sauter et passer dessus. Plus de 50 mètres de corde de guidage traînaient derrière nous sur le sol ; et c'était largement suffisant pour maintenir notre équilibre sous l'altitude de 100 mètres, au-dessus de laquelle nous décidâmes de ne pas monter pour le reste du voyage.

Cette première ascension m'a permis d'apprécier pleinement l'utilité de cette simple pièce du gréement du ballon sphérique, sans laquelle son atterrissage présenterait habituellement de sérieuses difficultés. Lorsque, pour une raison ou une autre – accumulation d'humidité à la surface du ballon, coup de vent descendant, perte accidentelle de gaz ou, plus fréquemment, passage d'un nuage devant la face du soleil – le ballon revenait à terre avec une vitesse inquiétante, le câble de guidage venait reposer en partie sur le sol, et ainsi, délestant tout le système par une grande partie de son poids, arrêtait, ou du moins atténuait, la chute. Dans des conditions contraires, toute tendance ascendante trop rapide du ballon était contrebalancée par le soulèvement du câble de guidage du sol, de sorte qu'un peu plus de son poids s'ajoutait au poids du système flottant du moment précédent.

Cependant, comme tout appareil humain, la corde de guidage, outre ses avantages, a ses inconvénients. Son frottement sur les surfaces inégales du sol – sur les champs et les prairies, les collines et les vallées, les routes et les maisons, les haies et les fils télégraphiques – donne au ballon de violentes secousses. Ou bien il peut arriver que la corde de guidage, dénouant rapidement l'enchevêtrement dans lequel elle s'est tordue, s'accroche à quelque aspérité de la surface ou s'enroule autour du tronc ou des branches d'un arbre. Un pareil incident manquait seul pour compléter mon instruction.

Alors que nous dépassions un petit groupe d'arbres, un choc plus fort que tout ce que nous avions ressenti jusqu'à présent nous projeta en arrière dans le panier. Le ballon s'était arrêté net et se balançait au gré des rafales de vent au bout de sa corde de guidage qui s'était enroulée autour de la tête d'un chêne. Pendant un quart d'heure, cela nous fit trembler comme un panier à salade, et ce n'est qu'en jetant une certaine quantité de lest que nous nous détachâmes enfin. Le ballon allégé fit un bond formidable vers le haut et transperça les nuages comme un boulet de canon. En effet, il menaçait d'atteindre des hauteurs dangereuses, compte tenu du peu de lest qu'il nous restait en réserve pour la descente. Il était temps de recourir à des moyens efficaces, d'ouvrir la vanne de manœuvre et de laisser échapper une partie de nos gaz.

C'était l'œuvre d'un moment. Le ballon a recommencé à descendre vers la terre et bientôt la corde de guidage a de nouveau reposé sur le sol. Il n'y avait plus qu'à terminer le voyage, car il ne nous restait plus que quelques poignées de sable.

Celui qui souhaite diriger un dirigeable doit d'abord s'entraîner à un bon nombre d'atterrissages dans un ballon sphérique, c'est-à-dire s'il souhaite atterrir sans casser le ballon, la quille, le moteur, le gouvernail, l'hélice, les cylindres de lest d'eau et les réservoirs de carburant. Le vent étant assez fort, il a fallu se mettre à l'abri pour cette dernière manœuvre. Au fond de la plaine, un coin de la forêt de Fontainebleau se précipitait vers nous. En quelques instants nous avions tourné l'extrémité du bois, sacrifiant notre dernière poignée de lest. Les arbres nous protégèrent alors de la violence du vent, et nous jetâmes l'ancre, ouvrant en même temps toute grande la vanne de secours pour l'évacuation massive du gaz.

La double manœuvre nous a posé sans le moindre traînage. Nous avons posé le pied sur la terre ferme et sommes restés là à regarder le ballon mourir. Étendu dans le champ, il perdait les restes de ses gaz dans des agitations convulsives, comme un grand oiseau qui meurt en battant des ailes.

Après avoir pris une douzaine de photos instantanées du ballon mourant, nous l'avons plié et emballé dans le panier avec son filet replié le long du ballon. Le petit coin choisi dans lequel nous avions débarqué faisait partie du parc du château de la Ferrière, appartenant à M. Alphonse de Rothschild. Des ouvriers d'un champ voisin furent envoyés en convoyage jusqu'au village même de La Ferrière, et une demi-heure plus tard un frein survint. Après avoir tout mis dedans, nous sommes partis vers la gare ferroviaire, située à environ 4 kilomètres (2½" miles). Là, nous avons eu du travail pour soulever le panier avec son contenu au sol, car il pesait 200 kilogrammes (440 livres). A 6h30 nous étions de retour à Paris, après un voyage de 100 kilomètres (plus de 60 miles), et près de deux heures passées dans les airs.

CHAPITRE IV
MON « BRÉSIL » – LE PLUS PETIT DES BALLONS SPHERIQUES

J'aimais tellement faire du ballon qu'en revenant de mon premier voyage avec M. Machuron, je lui ai dit que je voulais me faire un ballon. L'idée lui plaisait. Il pensait que je voulais un ballon sphérique de taille ordinaire, d'un volume compris entre 500 et 2 000 mètres cubes. Personne ne songerait à en faire un plus petit.

Il y a peu de temps encore, il est curieux de constater à quel point les constructeurs s'accrochaient encore à des matériaux lourds. Le plus petit panier de ballons devait peser 30 kilogrammes (66 livres). Rien n'était léger, ni l'enveloppe, ni le gréement, ni les accessoires.

J'ai donné mes idées à M. Machuron. Il a crié contre quand je lui ai dit que je voulais un ballon de la soie japonaise la plus légère et la plus résistante, d'un volume de 100 mètres cubes (environ 3 500 pieds cubes). Aux usines, lui et M. Lachambre essayèrent de me prouver que la chose était impossible.

"LE BRÉSIL"
LE PLUS PETIT DES BALLONS SPHERIQUES

Combien de fois les choses m'ont été prouvées impossibles ! Maintenant, j'y suis habitué, je m'y attends. Mais à cette époque, cela me troublait. J'ai quand même persévéré.

Ils m'ont montré que pour qu'un ballon ait de la « stabilité », il devait avoir un certain poids. Là encore, un ballon de 100 mètres cubes, disaient-ils, serait beaucoup plus affecté par les mouvements de l'aéronaute dans sa nacelle qu'un gros ballon de taille réglementaire.

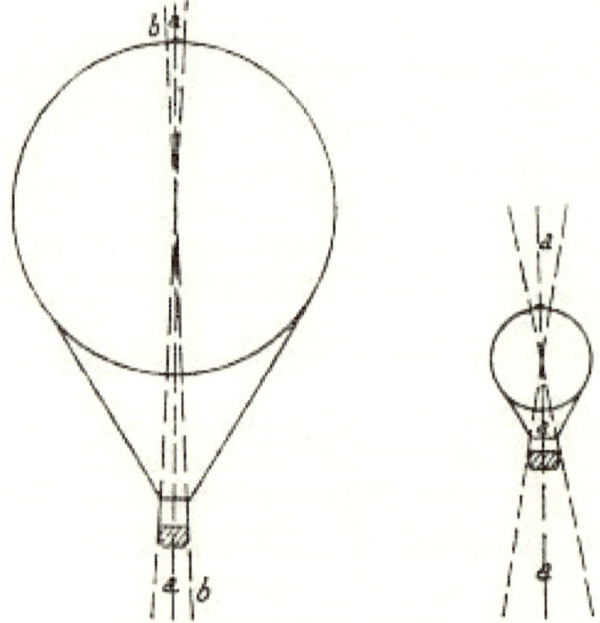

Figure 1. Figure 2.

Avec un gros ballon, le centre de gravité du poids de l'aéronaute est comme sur la Fig. 1, *a* . Lorsque l'aéronaute se déplace, par exemple, vers la droite dans sa nacelle, Fig. 1, *b* , le centre de gravité de l'ensemble du système n'est pas sensiblement déplacé.

Dans un très petit ballon, le centre de gravité, Fig. 2, *a* , n'est pas perturbé tant que l'aéronaute est assis droit au centre de sa nacelle. Lorsqu'il se déplace vers la droite, le centre de gravité, Fig. 2, *b* , est décalé au-delà de la ligne verticale de la circonférence du ballon, ce qui fait que le ballon oscille dans la même direction.

Par conséquent, disaient-ils, vos mouvements nécessaires dans le panier feront rouler et balancer continuellement votre petit ballon.

"Nous allongerons proportionnellement le tacle de suspension", répondis-je. Ce fut chose faite, et le « Brésil » se montra remarquablement stable.

Quand j'apportai ma soie japonaise légère à M. Lachambre, il la regarda et dit : « Elle sera trop faible. Mais quand nous avons essayé avec le dynamomètre, cela nous a surpris. Testée ainsi, la soie chinoise résiste à plus de 1 000 kilogrammes (ou 2 200 livres) de contrainte par mètre linéaire (3,3 pieds). La fine soie japonaise résistait à une contrainte de 700 kilogrammes (1 540 livres), c'est-à-dire qu'elle s'est avérée trente fois plus résistante que nécessaire selon la théorie des déformations. C'est étonnant quand on sait qu'il ne pèse que 30 grammes (un peu plus d'une once) par mètre carré. Pour montrer comment les experts peuvent se tromper dans leurs jugements simplement spontanés, j'ai construit mes ballons dirigeables avec ce même matériau ; Pourtant, la pression intérieure qu'ils doivent supporter est énorme, alors que tous les ballons sphériques ont un grand trou dans le fond pour la soulager.

Comme les proportions finalement adoptées pour le "Brésil" étaient de 113 mètres cubes (4104 pieds cubes), correspondant à environ 113 mètres carrés (135 yards carrés) de surface de soie, l'enveloppe entière pesait à peine 3½" kilogrammes (moins de 8 livres). Mais le poids du vernis, trois couches, l'a porté à 14 kilogrammes (environ 31 livres). Le filet, qui pèse souvent des centaines de livres, pesait 1800 grammes, soit près de 4 livres. pèse habituellement 30 kilogrammes (66 lb) au minimum, pesait 6 kilogrammes (13 lb) ; le panier que j'ai maintenant avec mon petit "No. 9" pèse moins de 5 kilogrammes (11 lb). Ma corde de guidage, petite mais très longue - 100 mètres - pesait au plus 8 kilogrammes (17½" lb) ; sa longueur a donné au « Brésil » un bon ressort. Au lieu d'une ancre, j'ai mis un petit grappin de 3 kilogrammes (6½" lbs.).

En rendant tout léger de cette façon, j'ai découvert que, malgré la petite taille du ballon, il aurait une force ascensionnelle pour supporter mon propre poids de 50 kilogrammes (110 livres) et 30 kilogrammes (66 livres) de lest. En fait, j'ai pris ce montant lors de mon premier voyage. Une autre fois, alors qu'un ministre français était présent, impatient de voir le plus petit ballon sphérique jamais fabriqué, je n'avais pratiquement aucun lest, seulement 4 ou 5 kilogrammes (10 ou 11 livres). Néanmoins, faisant peser le ballon, je montai et fis une bonne ascension.

Le « Brésil » était très maniable dans les airs, facile à contrôler. Il était également facile à emporter en descente, et l'histoire selon laquelle je l'avais transporté dans une valise est vraie.

Avant de me lancer dans mon petit « Brésil », j'ai effectué vingt-cinq à trente ascensions en ballons sphériques ordinaires, tout seul, comme mon propre capitaine et unique passager. M. Lachambre a eu beaucoup d'ascensions publiques et m'a permis d'en faire quelques-unes pour lui. J'ai ainsi fait des ascensions dans de nombreuses régions de France et de Belgique. Comme j'en avais le plaisir et l'expérience, et que je lui épargnais le travail et payais toutes mes propres dépenses et dommages, c'était un arrangement mutuellement avantageux.

Je ne crois pas que, sans une telle étude et expérience préalable avec un ballon sphérique, un homme puisse être capable de réussir avec un ballon dirigeable allongé, dont la manipulation est tellement plus délicate. Avant d'essayer de diriger un dirigeable, il faut avoir appris, dans un ballon ordinaire, les conditions du milieu atmosphérique, s'être familiarisé avec les caprices du vent et avoir approfondi les difficultés du problème du lest depuis le triple point de vue du départ, de l'équilibre dans les airs et de l'atterrissage en fin de voyage.

Avoir été soi-même capitaine d'un ballon ordinaire au moins une douzaine de fois me semble un préalable indispensable pour acquérir une notion exacte des conditions nécessaires à la construction et au maniement d'un ballon allongé muni de son moteur et de son hélice.

Naturellement, je suis émerveillé lorsque je vois des inventeurs, qui n'ont jamais mis les pieds dans le panier, dessiner sur papier, et même exécuter en tout ou en partie, des dirigeables fantastiques, dont les ballons doivent avoir une capacité de milliers de personnes. de mètres cubes, chargés d'énormes moteurs qu'ils ne parviennent pas à faire sortir de terre, et équipés d'une machinerie si compliquée que rien ne marche ! Ces inventeurs n'ont peur de rien, car ils n'ont aucune idée de la difficulté du problème. S'ils avaient déjà voyagé dans les airs au gré du vent et au milieu de toutes les influences perturbatrices des phénomènes atmosphériques, ils comprendraient qu'un ballon dirigeable, pour être pratique, nécessite avant tout d'avoir la plus extrême simplicité dans tout son mécanisme.

Certains des malheureux constructeurs qui ont payé de leur vie le prix de leur témérité n'avaient jamais fait une seule ascension responsable en tant que capitaine d'un ballon sphérique ! Et la majorité de leurs émules, qui travaillent maintenant avec tant de dévouement, sont dans le même état d'inexpérience. C'est mon explication de leur manque de succès. Ils sont dans la condition dans laquelle se trouverait le premier venu s'il acceptait de construire et de diriger un paquebot transatlantique sans avoir jamais quitté terre ni mis les pieds dans un bateau !

CHAPITRE V
LES DANGERS RÉELS ET IMAGINAIRES DU BALLONNEMENT

L'une des aventures les plus étonnantes que j'ai vécues pendant cette période de montgolfière s'est déroulée directement au-dessus de Paris.

J'étais parti de Vaugirard avec quatre invités dans un grand ballon construit pour moi, fatigué de faire des voyages solitaires dans le petit « Brésil ».

Dès le départ, il semblait y avoir très peu de vent. Je me levai lentement, à la recherche d'un courant d'air. A 1000 mètres d'altitude, je n'ai rien trouvé. A 1 500 mètres (un mile), nous restions encore presque stationnaires. En jetant encore du lest, nous sommes montés à 2000 mètres (1¼ mile), lorsqu'une brise errante a commencé à nous emmener au-dessus du centre de Paris.

Quand nous sommes arrivés à un point au-dessus du Louvre... il nous a quitté ! Nous sommes descendus... et n'avons rien trouvé !

C'est alors que s'est produite la chose ridicule. Dans un ciel bleu sans nuage, baigné de soleil, et avec les faibles aboiements de tous les chiens de Paris montant à nos oreilles, nous restions encalminés ! Nous remontâmes, chassant un courant d'air. Nous redescendîmes, à la recherche d'un courant d'air. De haut en bas, de haut en bas ! Les heures passaient, et nous restions toujours suspendus, toujours au-dessus de Paris !

Au début, nous avons ri. Puis nous nous sommes fatigués. Puis presque alarmé. J'ai même eu un moment l'idée d'atterrir à Paris même, près de la gare de Lyon, où j'apercevais un espace ouvert. Pourtant, la tentative aurait été dangereuse, car on ne pouvait pas compter sur le sang-froid de mes quatre compagnons en cas d'urgence. Ils n'avaient pas l'habitude de monter en ballon.

Le pire, c'est que nous perdions du gaz. Dérivant lentement vers l'est, heure après heure, un à un, les sacs de ballast avaient été vidés. Lorsque nous arrivâmes au bois de Vincennes, nous avions commencé à jeter divers objets : les sacs de lest, les paniers-repas, deux tabourets légers, deux kodaks et une caisse de plaques photographiques !

Pendant toute cette dernière période, nous étions assez bas – pas plus de 300 mètres au-dessus de la cime des arbres. Maintenant, en descendant plus bas, nous avons eu une véritable frayeur. La corde de guidage ne s'enroulerait-elle pas au moins autour d'un arbre et nous retiendrait-elle là pendant des heures ? Nous avons donc eu du mal à maintenir notre altitude au-dessus de la cime des arbres, jusqu'à ce que tout d'un coup une drôle de petite rafale de vent nous emmène au-dessus de l'hippodrome de Vincennes.

"C'est maintenant notre heure !" m'exclamai-je à mes compagnons. "Tenez bon !"

Avec cela, j'ai tiré sur la corde de la valve et nous sommes descendus avec célérité mais presque sans choc.

Personnellement, j'ai ressenti non seulement de la peur mais aussi de la douleur et un véritable désespoir dans un ballon sphérique. Cela n'a pas été souvent le cas, car aucun sport n'est plus régulièrement sûr, doux et agréable. Les dangers réels qu'il présente se limitent généralement à l'atterrissage, et l'aérostier expérimenté sait comment y faire face ; tandis que face aux dangers imaginaires dans les airs, on est régulièrement très en sécurité. C'est pourquoi l'aventure particulière, pleine de douleur et de peur, dont je me souviens, était d'autant plus remarquable qu'elle s'est déroulée en haute altitude.

Cela s'est passé à Nice en 1900, lorsque je montais de la place Masséna dans un ballon sphérique de bonne taille, seul et avec l'intention de dériver quelques heures seulement au milieu du paysage enchanteur des montagnes et de la mer.

Le temps était beau, mais le baromètre baissa bientôt, indiquant un orage. Le vent me porta quelque temps du côté de Cimiez, mais, à mesure que je me levai, il menaça de m'entraîner au large. J'ai jeté du lest, j'ai abandonné le courant et je suis monté à une hauteur d'environ un mile.

Peu de temps après, je laissai redescendre le ballon, espérant trouver un courant d'air sûr, mais à moins de 300 mètres du sol, près du Var, je m'aperçus que j'avais cessé de descendre. Comme j'étais déterminé à atterrir bientôt, de toute façon, j'ai tiré sur la corde de la valve et j'ai laissé échapper plus de gaz. Et c'est ici que commença la terrible expérience.

Je ne pouvais pas descendre. Je jetai un coup d'œil au baromètre et constatai effectivement que j'allais monter. Pourtant, je devrais descendre, et je sentais – à cause du vent et de tout le reste – que je devais descendre. N'avais-je pas laissé échapper du gaz ?

À mon grand malaise, j'ai découvert trop tôt ce qui n'allait pas. Malgré ma descente apparente continue, j'étais néanmoins soulevé par une énorme colonne d'air qui se précipitait vers le haut. Pendant que je tombais dedans, je montais rapidement plus haut avec lui.

J'ai rouvert la valve ; c'était inutile. Le baromètre indiquait que j'avais atteint une altitude encore plus grande, et je pouvais maintenant m'en rendre compte par la façon dont la terre disparaissait sous moi. J'ai maintenant fermé la vanne pour économiser mon gaz. Il n'y avait plus qu'à attendre et voir ce qui allait se passer.

La colonne d'air ascendante a continué à m'emmener à une hauteur de 3 000 mètres (presque 2 miles). Je ne pouvais rien faire d'autre que regarder le baromètre. Puis, après ce qui me parut long, cela montra que j'avais commencé à descendre.

Quand j'ai commencé à apercevoir la terre, j'ai jeté du lest, pour ne pas heurter la terre trop vite. Maintenant, je pouvais percevoir la tempête battre les arbres et les arbustes. Dans la tempête elle-même, je n'avais rien ressenti.

Maintenant aussi, alors que je continuais à descendre plus bas, je pouvais voir avec quelle rapidité j'étais porté latéralement. Au moment où j'ai perçu le danger imminent, j'y étais. Emporté à une vitesse effroyable, heurtant la cime des arbres, et continuellement menacé d'une mort douloureuse, je jetai mon ancre. Il s'est accroché aux arbres et aux arbustes et s'est détaché. S'il s'agissait de gros bois, tout serait fini pour moi. Par hasard, j'ai été traîné à travers les petits arbres et les arbustes, le visage couvert de coupures et de contusions, mes vêtements arrachés de mon dos, dans la douleur et la tension, craignant le pire et ne pouvant rien faire pour me sauver. Juste au moment où je m'étais donné pour perdu, la corde de guidage s'est enroulée autour d'un arbre et a tenu. J'ai été précipité du panier et je suis tombé inconscient. Quand je suis arrivé à moi, j'ai dû marcher une certaine distance jusqu'à ce que je rencontre des paysans. Ils m'ont aidée à rentrer à Nice, où je me suis couchée, et ont fait me faire recoudre les médecins.

Au début, lorsque j'étais heureux de faire des ascensions publiques pour mon constructeur de ballons, j'avais vécu une expérience à peu près similaire, et cela de nuit. L'ascension a eu lieu à Péronne, dans le nord de la France, un après-midi orageux, assez tard. En effet, je partis malgré le tonnerre menaçant au loin, un demi-crépuscule sombre tout autour de moi et les remontrances du public, parmi lequel on savait que je n'étais pas aéronaute de métier. Ils craignaient mon inexpérience et souhaitaient soit que je renonce à l'ascension, soit que je m'oblige à emmener avec moi le constructeur de ballons, lui étant l'organisateur responsable de la *fête* .

Je n'ai rien écouté et j'ai commencé comme je l'avais prévu. Bientôt, j'eus à regretter ma témérité. J'étais seul, perdu dans les nuages, au milieu des éclairs et des coups de tonnerre, dans l'obscurité de la nuit qui approchait rapidement !

J'ai continué, j'ai continué à déchirer dans l'obscurité. Je savais que je devais avancer à grande vitesse, mais je n'ai senti aucun mouvement. J'ai entendu et senti la tempête. Je faisais partie de la tempête. Je me sentais en grand danger, mais le danger n'était pas tangible. Avec cela, il y avait une sorte de joie féroce. Que dois-je dire ? Comment dois-je le décrire ? Là-haut, dans la solitude noire, au milieu des éclairs et des coups de tonnerre, je faisais partie de l'orage.

Quand j'ai atterri le lendemain matin – longtemps après avoir cherché une altitude plus élevée et laissé la tempête passer sous moi – j'ai découvert que j'étais bien en Belgique. L'aube fut paisible, de sorte que mon atterrissage se fit sans difficulté. Je mentionne cette aventure parce qu'elle a été relatée dans les journaux de l'époque, et pour montrer que les vols de nuit en montgolfière, même en cas de tempête, peuvent être plus dangereux en apparence que en réalité. En effet, les vols de nuit en montgolfière ont un charme qui leur est propre.

On est seul dans le vide noir, il est vrai dans des limbes obscurs, où l'on semble flotter sans poids, sans monde environnant, une âme libérée du poids de la matière. Pourtant, de temps en temps, les lumières de la terre viennent nous réjouir. Nous voyons un point lumineux loin devant nous. Petit à petit, il s'étend. Là où il y a eu un seul incendie, il y a d'innombrables points lumineux. Ils courent en lignes, avec ici et là un amas plus brillant. Nous savons que c'est une ville.

Puis, encore une fois, c'est dans un pays solitaire, avec seulement une faible lueur ici et là. Lorsque la lune se lève, nous voyons peut-être une légère ligne grise ondulée. C'est une rivière, avec le clair de lune tombant sur ses eaux.

Il y a un éclair vers le haut et un léger rugissement. C'est un train ferroviaire, les feux de la locomotive, peut-être, éclairant un instant sa fumée à mesure qu'elle monte.

Ensuite, pour plus de sécurité, nous jetons plus de lest et nous nous élevons à travers les solitudes noires des nuages dans un éclat de lumière stellaire splendide qui élève l'âme. Là, seuls avec les constellations, nous attendons l'aube.

Et quand l'aube se lève, rouge, or et pourpre dans sa splendeur, on est presque réticent à chercher à nouveau la terre, bien que la nouveauté d'atterrir dans on ne sait quelle partie de l'Europe offre encore un autre plaisir unique.

Pour beaucoup, c'est là que réside le grand charme de toutes les balades en montgolfière. L'aérostier devient explorateur. Dites que vous êtes un jeune homme qui vagabonde, qui aime les aventures, qui pénètre l'inconnu et fait face à l'inattendu, mais dites que vous êtes lié à la maison par votre famille et vos affaires. Je vous conseille de vous lancer dans le ballonnement sphérique. A midi vous déjeunez paisiblement au milieu de votre famille. A 14 HEURES, vous montez. Dix minutes plus tard, vous n'êtes plus un citoyen ordinaire : vous êtes un explorateur, un aventurier de l'inconnu aussi véritablement que ceux qui gèlent sur les montagnes glacées du Groenland ou fondent sur la plage de corail de l'Inde.

Vous ne savez que vaguement où vous êtes et vous ne pouvez pas savoir où vous allez. Pourtant, beaucoup de choses peuvent dépendre de votre choix ainsi que de vos compétences et de votre expérience. Le choix de l'altitude vous appartient : accepter ce courant ou monter plus haut et en choisir un autre. Vous pouvez monter au-dessus des nuages, où l'on respire de l'oxygène à travers des tubes, tandis que la terre, dans le dernier aperçu que vous en avez eu, semble tourner sous vous, et vous perdez tout repère ; ou vous pouvez descendre et courir le long de la surface, aidé par votre corde de guidage et une louche pleine de lest, pour sauter par-dessus les arbres et les maisons – des sauts géants effectués sans effort.

Puis, quand vient le temps d'atterrir, il y a la véritable joie de l'explorateur de s'abattre sur des peuples inconnus comme un dieu sorti d'une machine. « De quel pays s'agit-il ? La réponse viendra-t-elle en allemand, en russe ou en norvégien ? Des membres de l'Aéro Club de Paris ont été abattus alors qu'ils franchissaient les frontières européennes. D'autres, débarquant, ont été emmenés prisonniers chez le bourgmestre ou le gouverneur militaire, pour languir comme espions pendant que le télégraphe cliquait vers la capitale lointaine, puis pour terminer la soirée autour du champagne lors d'un mess d'officiers enthousiaste. D'autres encore ont dû lutter contre l'ignorance et la superstition dangereuses d'une petite population paysanne isolée. Ce sont les chances des vents.

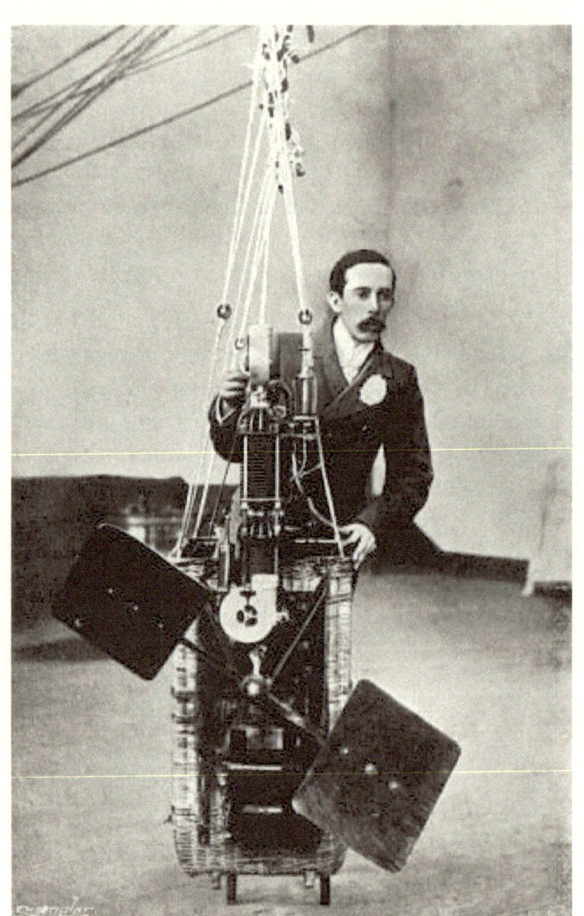

MOTEUR DU "Nº1"

CHAPITRE VI
Je cède à l'idée du ballon dirigeable

Lors de mon ascension avec M. Machuron, alors que notre corde de guidage était enroulée autour de l'arbre et que le vent nous secouait si outrageusement, il profita de l'occasion pour me décourager de tout vol en montgolfière orientable.

"Observez la trahison et le caractère vindicatif du vent", cria-t-il entre deux chocs. "Nous sommes attachés à l'arbre, mais voyez avec quelle force il essaie de nous détacher." (Ici, j'ai été de nouveau projeté au fond du panier.) "Quelle hélice à vis pourrait résister à elle ? Quel ballon allongé ne se plierait pas et ne vous emmènerait pas vers la destruction ?"

C'était décourageant. De retour à Paris par le chemin de fer, j'abandonnai l'ambition de continuer les essais de Giffard, et cet état d'esprit dura des semaines. J'aurais argumenté couramment contre la dirigeabilité des ballons. Puis vint une nouvelle période de tentation, car une idée longtemps caressée a la vie dure. Lorsque j'ai pris en compte ses difficultés pratiques, j'ai constaté que mon esprit travaillait automatiquement pour se convaincre que ce n'était pas le cas. Je me suis surpris à dire : "Si je fais un ballon cylindrique assez long et assez fin, il coupera l'air..." et, par rapport au vent, "ne serai-je pas comme un voilier à qui on ne reproche pas de refuser de sortir dans une bourrasque ? »

Finalement, un accident m'a décidé. J'ai toujours été charmé par la simplicité, tandis que les complications, même si elles sont jamais aussi ingénieuses, me rebutent. Les moteurs des tricycles automobiles étaient actuellement très perfectionnés. Je me réjouissais de leur simplicité et, assez illogiquement, leurs mérites eurent pour effet de me décider contre toutes les autres objections aux ballons dirigeables.

"J'utiliserai ce moteur léger et puissant", dis-je. "Giffard n'a pas eu une telle opportunité."

La machine à vapeur primitive de Giffard, faible proportionnellement à son poids, crachant des étincelles brûlantes de son combustible au charbon, n'avait donné aucune chance à cet innovateur courageux, ai-je soutenu. Je n'ai pas réfléchi un seul instant à l'idée d'un moteur électrique, qui promet peu de danger, il est vrai, mais qui a le défaut capital et monstrueux d'être le moteur le plus lourd connu, compte tenu du poids de sa batterie. En effet, j'ai si peu de patience avec l'idée que je n'en dirai pas plus, sinon pour répéter ce que me disait à ce sujet M. Edison en avril 1902 : « Vous avez bien fait, dit-il, de choisir le moteur à pétrole. C'est le seul dont un aéronaute puisse rêver dans l'état actuel de l'industrie ; et les ballons dirigeables à moteur électrique, surtout tels qu'ils étaient il y a quinze ou vingt ans, n'auraient pu aboutir à aucun résultat. les a abandonnés. »

Malgré les immenses progrès récents apportés à la machine à vapeur, elle n'aurait pas pu me décider en faveur des ballons dirigeables. Moteur pour moteur, il est peut-être meilleur que le moteur à pétrole, mais quand on compare la chaudière avec le carburateur, celui-ci pèse des grammes par cheval-vapeur tandis que la chaudière pèse des kilogrammes. Dans certaines machines à vapeur légères, plus légères encore que les moteurs à pétrole, la chaudière gâche toujours la proportion. Avec une livre de pétrole, vous pouvez exercer une puissance d'un cheval-vapeur pendant une heure. Pour obtenir cette même énergie de la machine à vapeur la plus perfectionnée, il vous faudra plusieurs kilogrammes d'eau et de carburant, qu'il s'agisse de pétrole ou autre. Même en condensant l'eau, on ne peut pas avoir moins de plusieurs kilogrammes par cheval-vapeur.

Alors, si l'on utilise du charbon comme combustible avec le moteur à vapeur, il y a des étincelles brûlantes ; tandis que si l'on utilise du pétrole avec des brûleurs, on obtient une grande quantité de feu. Il faut rendre justice au moteur à pétrole en admettant qu'il ne produit ni flammes ni étincelles brûlantes.

À l'heure actuelle, j'ai un moteur pétrolier Clément qui ne pèse que 2 kilogrammes (4½" lb) par cheval-vapeur. Il s'agit de mon moteur "No. 7", dont le poids total n'est que de 120 kilogrammes (264 livres). Comparez cela avec la nouvelle batterie en acier et nickel de M. Edison, qui promet de peser 18 kilogrammes (40 livres) par cheval-vapeur.

La légèreté et la simplicité du petit moteur de tricycle de 1897 sont donc responsables de tous mes essais. Je suis parti de ce principe : pour réussir quelque chose que ce soit, il faudrait économiser du poids, et donc respecter les conditions pécuniaires aussi bien que mécaniques du problème.

Aujourd'hui, je construis des dirigeables en grande quantité. J'y suis comme une sorte de travail de vie. Je n'étais alors qu'un débutant à moitié décidé, peu disposé à dépenser de grosses sommes d'argent dans un projet douteux.

C'est pourquoi j'ai décidé de construire un ballon allongé juste assez grand pour soulever, avec mes propres 50 kilogrammes (110 livres) de poids, autant de choses supplémentaires qui pourraient être nécessaires pour la nacelle et le gréement, le moteur, le carburant et le lest absolument indispensable. En réalité, je construisais un dirigeable adapté à mon petit moteur de tricycle.

J'ai cherché l'atelier d'un petit mécanicien près de chez moi, dans le centre résidentiel de Paris, où je pourrais faire exécuter mes plans sous mes propres yeux et mettre mes propres mains à la tâche. J'en ai trouvé un rue du Colisée. Là, j'ai d'abord élaboré un tandem de deux cylindres d'un moteur de tricycle, c'est-à-dire leur prolongement l'un après l'autre pour actionner la même bielle tout en étant alimentés par un seul carburateur.

Pour ramener le tout à un poids minimum, j'ai supprimé dans chaque partie du moteur ce qui n'était pas strictement nécessaire à la solidité. De cette façon, j'ai réalisé quelque chose qui était intéressant à l'époque : un moteur de 3½" de puissance qui pesait 30 kilogrammes (66 lb).

J'ai vite eu l'occasion de tester mon moteur tandem. La grande série de courses automobiles sur route, qui semble avoir culminé à Paris-Madrid en 1903, augmentait d'année en année la puissance de ces merveilleux moteurs à pas de géant. Le Paris-Bordeaux en 1895 a été remporté avec une machine de 4 chevaux à une vitesse moyenne de 25 kilomètres (15½" miles) par heure. En 1896, le Paris-Marseille-et-retour a été réalisé au rythme de 30 kilomètres (18½" miles).) par heure. Or, en 1897, c'était Paris-Amsterdam. Bien que je n'étais pas inscrit à la course, j'ai eu l'idée d'essayer mon moteur tandem attaché à son tricycle d'origine. J'ai commencé et, à ma grande satisfaction, j'ai constaté que je pouvais suivre le rythme. En effet, j'aurais pu gagner une belle place à l'arrivée - mon véhicule était le plus puissant du lot par rapport à son poids et la vitesse moyenne du vainqueur n'était que de 40 kilomètres par heure - si je n'avais pas commencé. Je craignais que les secousses de mon moteur au cours d'un effort aussi intense ne puissent à la longue le déranger, et j'imaginais que j'avais un travail plus important à lui confier.

D'ailleurs, mon expérience en automobile m'a été très utile avec mes dirigeables. Le moteur à pétrole est encore une chose délicate et capricieuse, et il y a des sons dans son grondement crachant qui ne sont intelligibles que pour une oreille expérimentée. Si, lors d'un de mes prochains vols, le moteur de mon dirigeable menace un danger, je suis convaincu que mon oreille entendra et tiendra compte de l'avertissement. Cette faculté presque instinctive, je ne la dois qu'à l'expérience. Après avoir démonté le tricycle pour le bien de son moteur, j'achetais à peu près à cette époque une Panhard moderne de 6 chevaux, avec laquelle j'allais de Paris à Nice en 54 heures - nuit et jour, sans arrêt - et j'avais Je ne me suis pas mis au ballon dirigeable. J'ai dû devenir un passionné d'automobiles de course sur route, échangeant continuellement un type contre un autre, continuellement à la recherche d'une plus grande vitesse, suivant le progrès de l'industrie, comme tant d'autres le font, à la gloire de La mécanique française et le nouvel esprit sportif parisien.

Mais mes dirigeables m'ont arrêté. Pendant mes expériences, j'étais attaché à Paris. Je ne pouvais pas faire de longs voyages, et l'automobile à pétrole, avec sa merveilleuse facilité à trouver du carburant dans chaque hameau, perdit à mes yeux sa plus grande utilité. En 1898, j'ai vu par hasard ce qui était pour moi une marque inconnue de buggy électrique américain léger. Il a séduit mes yeux, mes besoins et ma raison, et je l'ai acheté. Je n'ai jamais eu à regretter cet achat. Cela me sert à courir dans Paris, et cela va léger, sans bruit et sans odeur.

J'avais déjà remis le plan de mon enveloppe ballon aux constructeurs. Il s'agissait d'un ballon cylindrique terminé d'avant en arrière par des cônes, long de 25 mètres (82½" pieds), d'un diamètre de 3,5 mètres (11½" pieds) et d'une capacité de gaz de 180 mètres cubes (6354 pieds cubes). Mes calculs ne m'avaient laissé que 30 kilogrammes (66 lb) pour le matériau du ballon et son vernis. C'est pourquoi j'ai abandonné le réseau et *la chemise habituels* , ou couverture extérieure ; en effet, je considérais cette seconde enveloppe, contenant le ballon proprement dit, non seulement superflue mais nuisible, voire dangereuse. Au lieu de cela, j'ai attaché les cordes de suspension de ma nacelle directement à l'enveloppe du ballon au moyen de petites tiges de bois introduites dans de longs ourlets horizontaux cousus des deux côtés à son étoffe sur une grande partie de la longueur du ballon. Encore une fois, pour ne pas dépasser mes 30 kilos, vernis compris, j'ai été obligé de recourir à ma soie japonaise, qui s'était révélée si fidèle au « Brésil ».

Après avoir jeté un coup d'œil sur cette commande d'enveloppe de ballon, M. Lachambre la refusa d'abord catégoriquement. Il ne se rendrait pas complice d'une telle témérité. Mais quand je lui ai rappelé qu'il avait dit la même chose à propos du « Brésil », et que je lui ai assuré que, si nécessaire, je couperais et recoudrais le ballon de mes propres mains, il m'a cédé. et a entrepris le travail. Il découpait, cousait et vernissait le ballon selon mes plans.

L'enveloppe du ballon étant ainsi mise en route, je préparai ma nacelle, mon moteur, mon hélice, mon gouvernail et ma machinerie. Une fois terminés, j'ai fait de nombreux essais avec eux, suspendant l'ensemble du système par une corde aux chevrons de l'atelier, démarrant le moteur et mesurant la force de l'oscillation vers l'avant provoquée par l'hélice travaillant sur l'atmosphère derrière elle. Retenant ce mouvement vers l'avant au moyen d'une corde horizontale attachée à un dynamomètre, j'ai constaté que la puissance de traction développée par le moteur de mon hélice à deux bras, mesurant chacun un mètre de diamètre, atteignait 11,4 kilogrammes (25 lbs .). C'était une figure qui promettait une bonne vitesse à un ballon cylindrique de mes dimensions, dont la longueur était égale à près de sept fois son diamètre. Avec 1200 tours par minute, l'hélice, qui était fixée directement sur l'arbre du moteur, pourrait facilement, si tout se passait bien, donner au dirigeable une vitesse d'au moins 8 mètres (26½" pieds) par seconde.

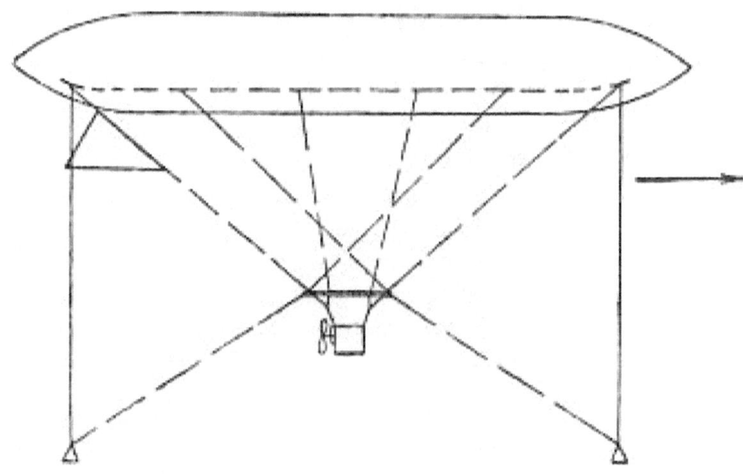

Figure 3.

Le gouvernail que j'ai réalisé en soie, tendu sur un cadre triangulaire en acier. Il ne restait plus qu'à inventer un système de poids mobiles qui, dès le premier instant, me paraissait indispensable. A cet effet j'ai placé deux sacs de lest, un à l'avant et un à l'arrière, suspendus à l'enveloppe du ballon par des cordelettes. Au moyen de cordes plus légères, chacun de ces deux poids pourrait être tiré dans le panier (voir Fig. 3), déplaçant ainsi le centre de gravité de l'ensemble du système. Tirer sur le poids avant ferait pointer la tige du ballon en diagonale vers le haut ; tirer le poids arrière aurait exactement l'effet inverse. En plus de cela, j'avais un câble de guidage d'environ 60 mètres (200 pieds) de long, qui pouvait également être utilisé, au besoin, comme ballast de déplacement.

Tout cela dura plusieurs mois, et le travail se poursuivit dans le petit atelier d'usinage de la rue du Colisée, à quelques pas seulement de l'endroit où plus tard l'Aéro Club de Paris devait avoir ses premiers bureaux.

CHAPITRE VII
MES PREMIÈRES CROISIÈRES EN DIRIGEABLE (1898)

A la mi-septembre 1898, j'étais prêt à commencer en plein air. Le bruit s'était répandu parmi les aéronautes de Paris, qui formaient le noyau de l'Aéroclub, que j'allais emporter dans ma nacelle un moteur à pétrole. Ils furent sincèrement inquiétés de ce qu'ils appelaient ma témérité, et quelques-uns d'entre eux s'efforcèrent amicalement de me montrer le danger permanent d'un pareil moteur sous un ballon rempli d'un gaz hautement inflammable. Ils m'ont supplié d'utiliser plutôt le moteur électrique, « qui est infiniment moins dangereux ».

J'avais prévu de gonfler le ballon au Jardin d'Acclimatation, où un ballon captif était déjà installé et équipé de tout le nécessaire au quotidien. Cela m'a donné la facilité d'obtenir, à un franc le mètre cube, les 180 mètres cubes (6 354 pieds cubes) d'hydrogène dont j'avais besoin.

PREMIER DÉPART "SANTOS-DUMONT N°1"

Le 18 septembre, mon premier dirigeable, le « Santos-Dumont n° 1 », comme on l'appelle depuis pour le distinguer de ceux qui suivirent, gisait étendu sur le gazon au milieu des arbres du beau Jardin d'Acclimatation, le nouveau Jardin Zoologique de l'ouest parisien. Pour comprendre ce qui s'est passé, je dois expliquer le lancement de ballons sphériques à partir d'endroits où des groupes d'arbres et d'autres obstacles entourent l'espace ouvert.

Lorsque la pesée et l'équilibrage du ballon sont terminés et que les aéronautes ont pris place dans la nacelle, le ballon est prêt à quitter le sol avec une certaine force ascensionnelle. Alors des aides le portent vers une extrémité de l'espace ouvert dans la direction d'où vient le vent, et c'est là que l'ordre : « Lâchez tout ! est donné. De cette façon, le ballon a tout l'espace libre à traverser avant d'atteindre les arbres ou autres obstacles qui peuvent se trouver en face et vers lesquels le vent l'entraînerait naturellement. Il a donc l'espace et le temps pour s'élever suffisamment haut pour les traverser. D'ailleurs, la force ascensionnelle du ballon est réglée en conséquence : elle est très faible si le vent est léger ; c'est plus si le vent est plus fort.

J'avais pensé que mon dirigeable serait capable d'aller contre le vent qui soufflait alors, c'est pourquoi j'avais eu l'intention de le placer pour le départ précisément à l'autre extrémité de l'espace ouvert par rapport à celui que j'ai décrit, c'est-à-dire en aval, et non en amont, dans le courant d'air par rapport à l'espace ouvert entouré d'arbres. Je sortirais ainsi de l'espace libre sans difficulté, ayant le vent contre moi - car dans de telles conditions, la vitesse relative du dirigeable devrait être la différence entre sa vitesse absolue et la vitesse du vent - et ainsi en allant contre le courant d'air, j'aurais tout le temps de me lever et de passer au-dessus des arbres. Ce serait évidemment une erreur de placer le dirigeable à un endroit approprié pour un ballon ordinaire sans moteur ni hélice.

Et pourtant c'est là que je l'ai placé, non par ma propre volonté, mais par la volonté des aéronautes professionnels venus en foule assister à mon expérience. En vain j'expliquais qu'en me plaçant "en amont" dans le vent par rapport au centre de l'espace libre je risquerais inévitablement de précipiter le dirigeable contre les arbres avant d'avoir le temps de m'élever au-dessus d'eux, la vitesse de mon l'hélice étant supérieure à celle du vent qui souffle alors.

Tout était inutile. Les aéronautes n'avaient jamais vu décoller un ballon dirigeable. Ils ne pouvaient admettre son départ dans d'autres conditions que celles d'un ballon sphérique, malgré la différence essentielle entre les deux. Comme j'étais seul contre eux tous, j'eus la faiblesse de céder.

Je partis de l'endroit qu'ils m'avaient indiqué, et en moins d'une seconde j'arrachai mon dirigeable contre les arbres, comme j'avais craint de le faire. Après cela, niez si vous le pouvez l'existence d'un point d'appui dans l'air.

Cet accident a au moins servi à montrer l'efficacité de mon moteur et de mon hélice dans les airs à ceux qui en doutaient auparavant.

Je n'ai pas perdu de temps en regrets. Deux jours plus tard, le 20 septembre, je suis effectivement parti du même espace ouvert, choisissant cette fois mon propre point de départ.

Je passai sans encombre la cime des arbres, et me mis aussitôt à naviguer autour d'eux, pour faire sur place une première démonstration du dirigeable à la grande foule de Parisiens qui s'était rassemblée. J'ai alors eu leur sympathie et leurs applaudissements, comme je l'ai toujours eu depuis ; le public parisien a toujours été un témoin aimable et enthousiaste de mes efforts.

Sous l'action conjuguée de l'impulsion de l'hélice, du gouvernail de direction, du déplacement du câble de guidage et des deux sacs de lest coulissant d'avant en arrière à ma guise, j'ai eu la satisfaction de faire mes évolutions dans tous les sens - pour à droite et à gauche, et de haut en bas.

Un tel résultat m'a encouragé et, étant inexpérimenté, j'ai commis la grave erreur de monter haut dans les airs à 400 mètres (1300 pieds), une altitude qui n'est rien pour un ballon sphérique, mais qui est absurde et inutilement dangereuse pour un ballon. dirigeable en cours d'essai.

De cette hauteur, j'avais vue sur tous les monuments de Paris. J'ai continué mes évolutions en direction de l'hippodrome de Longchamps, que j'ai choisi dès ce jour pour le théâtre de mes expérimentations aériennes.

Tant que je poursuivais mon ascension, l'hydrogène augmentait de volume en raison de la dépression atmosphérique. Ainsi par sa tension le ballon est resté tendu, et tout s'est bien passé. Ce n'était pas pareil lorsque j'ai commencé à descendre. La pompe à air, destinée à compenser la contraction de l'hydrogène, était d'une capacité insuffisante. Le ballon, un long cylindre, commença tout à coup à se plier par le milieu comme un canif, la tension des cordes devint inégale, et l'enveloppe du ballon fut sur le point d'être déchirée par elles. A ce moment, je crus que tout était fini, d'autant plus que la descente, qui avait commencé, ne pouvait plus être stoppée par aucun des moyens habituels à bord, où rien ne fonctionnait.

La descente est devenue une chute. Heureusement, je tombais aux alentours du gazon de Bagatelle, où des grands faisaient voler des cerfs-volants. Une idée soudaine m'a frappé. Je leur ai crié de saisir le bout de ma corde de guidage, qui avait déjà touché le sol, et de courir aussi vite qu'ils le pouvaient avec *contre le vent* .

C'étaient des jeunes gens brillants, et ils ont saisi l'idée et la corde au même instant chanceux. L'effet de cette aide *in extremis* fut immédiat et tel que je l'avais espéré. Par cette manœuvre, nous avons diminué la vitesse de la chute et avons ainsi évité ce qui aurait autrement été un mauvais bouleversement, c'est le moins qu'on puisse dire.

J'ai été sauvé pour la première fois. Remerciant les courageux garçons qui ont continué à m'aider à tout ranger dans la nacelle du dirigeable, j'ai finalement trouvé un taxi et j'ai ramené les reliques à Paris.

CHAPITRE VIII
CE QUE ÇA FAIT DE NAVIGUER DANS LES AÉRIENS

Malgré la dépression, je n'ai ressenti que de l'exaltation cette nuit-là. Le sentiment de réussite m'envahissait : j'avais navigué dans les airs.

J'avais effectué toutes les évolutions prescrites par le problème. *La panne elle-même n'était due à aucune cause prévue par les aéronautiques professionnels.*

J'étais monté sans sacrifier le lest. J'étais descendu sans sacrifier le gaz. Mes déplacements de poids avaient été couronnés de succès, et il eût été impossible de ne pas reconnaître le triomphe capital de ces vols obliques dans les airs. Personne ne les avait jamais fabriqués auparavant.

Bien entendu, au démarrage, ou peu après avoir quitté le sol, il faut parfois jeter du lest pour équilibrer l'engin, car on a peut-être commis une erreur et démarré avec un dirigeable beaucoup trop lourd. Ce que j'ai évoqué, ce sont des manœuvres aériennes.

"N° 4" MOUVEMENT DIAGONAL LIBRE VERS LE HAUT

"Numéro 6." MOUVEMENT DIAGONAL LIBRE DESCENDANT

Ma première impression de navigation aérienne fut, je l'avoue, la surprise de sentir le dirigeable avancer tout droit. C'était étonnant de sentir le vent sur mon visage. En ballon sphérique, nous suivons le vent et ne le sentons pas. Certes, en montant et en descendant, l'aérostier sphérique ressent le frottement de l'atmosphère, et l'oscillation verticale fait flotter le drapeau, mais dans le mouvement horizontal, le ballon ordinaire semble rester immobile, tandis que la terre passe au-dessous de lui.

Alors que mon dirigeable avançait, le vent me frappait le visage et faisait flotter mon manteau, comme sur le pont d'un paquebot transatlantique, bien qu'à d'autres égards, il serait plus juste de comparer la navigation aérienne à la navigation fluviale avec un bateau à vapeur. Ce n'est pas comme la navigation à voile, et parler de « virement de bord » n'a aucun sens. S'il y a du vent, c'est dans une direction donnée, de sorte que l'analogie avec le courant d'une rivière est complète. Lorsqu'il n'y a pas de vent du tout, nous pouvons comparer cela à la navigation sur un lac ou un étang tranquille. Il sera bon de comprendre cette question.

Supposons que mon moteur et mon hélice me poussent dans les airs à une vitesse de 20 milles à l'heure, je suis dans la position d'un capitaine de bateau à vapeur dont l'hélice le fait monter ou descendre la rivière à une vitesse de 20 milles à l'heure. Imaginez que le courant soit de 10 miles par heure. S'il navigue à contre-courant, il accomplit 10 milles à l'heure par rapport au rivage, bien qu'il ait voyagé à la vitesse de 20 milles à l'heure sur l'eau. S'il suit le courant, il atteint une vitesse de 30 milles à l'heure par rapport au rivage, bien qu'il n'aille pas plus vite sur l'eau. C'est une des raisons pour lesquelles il est si difficile d'estimer la vitesse d'un dirigeable.

C'est aussi la raison pour laquelle les capitaines d'aéronefs préféreront toujours naviguer pour leur propre plaisir par temps calme, et, lorsqu'ils trouveront un courant d'air contre eux, se dirigeront obliquement vers le haut ou vers le bas pour en sortir. Les oiseaux font la même chose. Le voilier siffle une bonne brise, sans laquelle il ne peut rien faire, mais le capitaine du bateau à vapeur longera toujours le rivage pour éviter la crue et chronométrera sa descente du fleuve en fonction de la marée sortante plutôt que de la marée montante. Nous, les aviateurs, sommes des capitaines de bateaux à vapeur et non des plaisanciers.

Le navigateur aérien a cependant un grand avantage : il peut laisser un courant pour un autre. L'air est rempli de courants variés. En montant, il trouvera une brise avantageuse ou bien un calme. Ce sont des considérations strictement pratiques, qui n'ont rien à voir avec la capacité du dirigeable à lutter contre la brise lorsqu'il y est obligé.

Avant de partir pour mon premier voyage, je m'étais demandé si je devais avoir le mal de mer. J'avais prévu que la sensation de monter et de descendre obliquement avec mes poids qui bougeaient pourrait être désagréable. Et j'attendais beaucoup de tangage , comme on dit à bord des navires - de roulis, il n'y en aurait pas tant - mais les deux sensations seraient nouvelles en montgolfière, car le ballon sphérique ne donne aucune sensation de mouvement. .

Cependant, dans mon premier dirigeable, la suspension était très longue, se rapprochant de celle d'un ballon sphérique. Pour cette raison, il y a eu très peu de tangages. Et, d'une manière générale, depuis lors, même si l'on m'a dit que lors de tel ou tel voyage mon dirigeable tanguait considérablement, je n'ai jamais eu le mal de mer. Cela peut être dû en partie au fait que je suis rarement sujet à ce mal sur l'eau. Des allers-retours entre le Brésil et la France et entre la France et les Etats-Unis, j'ai vécu toutes sortes de conditions météorologiques. Un jour, alors que j'étais en route vers le Brésil, la tempête a été si violente que le piano à queue s'est détaché et a cassé la jambe d'une dame. Pourtant, je n'avais pas le mal de mer.

Je sais que ce qu'on ressent le plus péniblement en mer, ce n'est pas tant le mouvement que cette hésitation momentanée juste avant que le bateau tangue, suivie du plongeon ou de la remontée malicieuse, qui n'arrive jamais tout à fait pareil, et du choc en haut et en bas. Tout cela est puissamment aidé par les odeurs de peinture, de vernis, de goudron, mêlées aux odeurs de cuisine, à la chaleur des chaudières et à la puanteur de la fumée et de la cale.

Dans le dirigeable, il n'y a aucune odeur, tout est pur et propre, et le tangage lui-même n'a aucun des chocs et des hésitations du bateau en mer. Le mouvement est suave et fluide, ce qui est sans doute dû à la moindre résistance des ondes. Les lancers sont moins fréquents et moins rapides que ceux en mer ; le creux n'est pas brusquement arrêté, afin que l'esprit puisse anticiper la courbe jusqu'à son terme ; et il n'y a aucun choc pour donner cette étrange sensation de « vide » au plexus solaire.

Par ailleurs, les secousses d'un paquebot transatlantique sont dues d'abord à l'avant, puis à l'arrière, une partie de la construction géante sortant de l'eau pour y replonger. Le dirigeable ne quitte jamais son milieu, l'air, dans lequel il ne fait que se balancer.

Cette considération m'amène à la plus remarquable de toutes les sensations de la navigation aérienne. Lors de mon premier voyage, cela m'a vraiment choqué ! C'est la toute nouvelle sensation de mouvement dans une dimension supplémentaire !

L'homme n'a jamais connu une existence verticale libre. Maintenu sur le plan terrestre, son mouvement « vers le bas » n'a guère été autre chose que d'y revenir après une courte excursion « vers le haut », notre esprit restant toujours sur la surface plane, même pendant que notre corps peut monter ; et c'est tellement vrai que l'aérostat sphérique, lorsqu'il s'élève, n'a aucune sensation de mouvement, mais a l'impression que la terre descend au-dessous de lui.

En ce qui concerne les combinaisons de mouvements verticaux et horizontaux, l'homme n'en a absolument aucune expérience. Donc, comme toutes nos sensations de mouvement sont pratiquement en deux dimensions, c'est là l'extraordinaire nouveauté de la navigation aérienne qu'elle nous fait expérimenter - non pas dans la quatrième dimension, il est vrai - mais dans ce qui est pratiquement une dimension supplémentaire - la troisième. pour que le miracle soit semblable. En effet, je ne peux pas décrire le plaisir, l'émerveillement et l'ivresse de ce libre mouvement diagonal en avant et en haut ou en avant et en bas, combiné à volonté avec de brusques changements de direction horizontalement lorsque le dirigeable répond à une pression sur le gouvernail ! Les oiseaux ont cette sensation lorsqu'ils déploient leurs grandes ailes et font de la luge dans des courbes et des spirales à travers le ciel !

Por juments nunca d'antes navegados!
(O'er mers jusqu'ici non naviguées.)

Le vers de notre grand poète a résonné dans ma mémoire depuis mon enfance. Après cette première croisière, je l'ai fait mettre sur mon drapeau.

Il est vrai que le ballon sphérique m'avait préparé à la simple sensation de hauteur ; mais c'est une tout autre affaire. Il est donc curieux que, préparé comme je l'étais, la simple pensée de la hauteur m'ait donné ma seule expérience désagréable. Ce que je veux dire, c'est ceci :

Les merveilleuses nouvelles combinaisons de mouvements verticaux et horizontaux, totalement issues de l'expérience humaine antérieure, ne m'ont causé ni surprise ni problème. Je me retrouvais à labourer les airs en diagonale vers le haut avec une sorte de liberté instinctive. Et pourtant, en me déplaçant horizontalement — comme on dirait, dans la position naturelle —, un regard vers le bas sur les toits des maisons m'inquiétait.

LES HOMMES SONT SI DANGEREUX

"Et si je tombais ?" la pensée est venue. Les toits des maisons semblaient si dangereux avec leurs cheminées en guise de pointes. On a rarement cette pensée dans un ballon sphérique, car on sait que le danger dans l'air est *nul* : le grand ballon sphérique ne peut ni perdre brusquement son gaz ni éclater. Mon petit ballon dirigeable devait supporter non seulement une pression extérieure mais également intérieure - ce qui n'est pas le cas d'un ballon sphérique, comme je l'expliquerai dans le prochain chapitre - et toute blessure à la forme cylindrique de mon ballon dirigeable. par perte de gaz pourrait s'avérer fatal.

En passant par-dessus les toits, je sentais que ce serait mal de tomber, mais dès que j'ai quitté Paris et que je naviguais sur la forêt du Bois de Boulogne, l'idée m'a complètement quitté. En contrebas, il semblait y avoir un océan de verdure, doux et sûr.

C'est au fil du prolongement de cette verdure dans la *pelouse herbeuse* de l'hippodrome de Longchamps que mon ballon, ayant perdu une grande partie de son gaz, a commencé à se doubler sur lui-même. Auparavant, j'avais entendu un bruit. En levant les yeux, je vis que le long cylindre du ballon commençait à se briser. Ensuite, j'ai été étonné et troublé. Je me demandais ce que je pouvais faire.

Je ne trouvais rien à faire. Je pourrais jeter du lest. Cela ferait monter le dirigeable, et la diminution de la pression atmosphérique permettrait sans aucun doute au gaz en expansion de redresser le ballon, de nouveau tendu et fort. Mais je me rappelais que je devais toujours redescendre lorsque tout le danger se répéterait, et pire encore qu'auparavant, à cause de plus d'essence que j'aurais perdu. Il n'y avait rien d'autre à faire que de descendre instantanément.

Je me souviens avoir eu l'idée sûre : "Si ce cylindre de ballon double encore, les cordes par lesquelles je suis suspendu travailleront avec des forces différentes et commenceront à se briser une à une au fur et à mesure que je descends !"

Pour le moment, j'étais sûr d'être en présence de la mort. Eh bien, je vais le dire franchement, mon sentiment était presque entièrement celui de l'attente et de l'attente.

"Qu'est-ce qui vient ensuite ?" Je pensais. « Que vais-je voir et savoir dans quelques minutes ? Qui verrai-je après ma mort ?

SUR LE BOIS DE BOULOGNE. EN DESSOUS, IL SEMBLE Y AVOIR UN OCÉAN DE VERDURE, DOUX ET SÛR

L'idée que je devrais rencontrer mon père dans quelques minutes me ravissait. En effet, je pense que dans de tels moments, il n'y a de place ni au regret ni à la terreur. L'esprit est trop plein d'anticipation. On n'a peur que tant qu'il y a encore une chance.

CHAPITRE IX
MOTEURS EXPLOSIFS ET GAZ INFLAMMABLES

J'ai été si souvent et si sincèrement mis en garde contre ce qui est tenu pour acquis comme étant un danger évident de faire fonctionner des moteurs explosifs sous des masses de gaz inflammables, qu'on peut me pardonner de m'arrêter un instant pour nier toute témérité excessive ou irréfléchie.

Très naturellement, dès le début, la question du danger physique pour moi-même a été posée. J'étais l'intéressé et j'ai essayé d'envisager la question sous tous les angles. Eh bien, le résultat de ces méditations fut de me faire très peu craindre le feu, tout en doutant d'autres possibilités contre lesquelles personne n'avait jamais songé à me mettre en garde.

LA QUESTION DU DANGER PHYSIQUE

Je me souviens qu'en travaillant sur le premier de mes dirigeables dans cette petite menuiserie de la rue du Colisée, je me demandais comment les vibrations du moteur à pétrole affecteraient le système lorsqu'il prendrait son envol.

À cette époque, nous n'avions pas les automobiles silencieuses et exemptes de fortes vibrations d'aujourd'hui. De nos jours, même les moteurs colossaux de 80 et 90 chevaux des derniers modèles de course peuvent être démarrés et arrêtés aussi doucement que ces grands marteaux en acier des fonderies de fer, avec lesquels les ingénieurs font un tour pour casser le dessus d'un œuf sans casser le reste de la coquille.

Mon moteur tandem de deux cylindres, actionnant la même bielle et alimenté par un seul carburateur, développait une puissance de 3½" - à l'époque une force considérable pour son poids - et je n'avais aucune idée de comment il agirait sur la terre ferme. J'avais vu des moteurs « sauter » sur l'autoroute. Que ferait le mien dans son petit panier qui ne pesait presque rien et suspendu à un ballon qui pesait moins que rien ?

Connaissez-vous le principe de ces moteurs ? On peut dire qu'il y a de l'essence dans un récipient. L'air qui le traverse ressort mélangé au gazole, prêt à exploser. Vous faites tourner une manivelle et la chose commence à fonctionner automatiquement. Le piston descend, aspirant le gaz et l'air combinés dans le cylindre. Ensuite le piston revient et le comprime. A ce moment-là, une étincelle électrique se déclenche. Une explosion s'ensuit instantanément ; et le piston descend, produisant du travail. Ensuite, il monte, rejetant le produit de la combustion. Ainsi, avec les deux cylindres, il y avait une explosion pour chaque tour d'arbre.

Voulant avoir l'esprit clair sur la question, j'ai pris mon tricycle, tel qu'il était après avoir quitté la course Paris-Amsterdam, et, accompagné d'un compagnon compétent, je l'ai dirigé vers un coin isolé du bois de Boulogne. Là, dans la forêt, j'ai choisi un grand arbre aux branches basses. À deux d'entre eux, nous avons suspendu le tricycle à moteur par trois cordes.

Une fois la suspension bien établie, mon compagnon m'a aidé à monter et à m'asseoir sur la selle du tricycle. J'étais comme dans une balançoire. Dans un instant, je démarrerais le moteur et j'apprendrais quelque chose sur mon succès ou mon échec futur.

La vibration du moteur explosif allait-elle me secouer d'avant en arrière, tendre les cordes jusqu'à ce qu'elles aient inégalisé leur tension, puis les briser une à une ? Cela risquerait-il de perturber la pompe de la montgolfière intérieure et de dérégler les valves du gros ballon ? Est-ce qu'il secouerait et tirerait continuellement sur les ourlets de soie et les fines tiges qui devaient maintenir ma nacelle au ballon ? Libéré de l'influence stabilisatrice du sol solide, le moteur de saut se briserait-il jusqu'à se briser ? Et, en cassant, ne pourrait-il pas exploser ?

Tout cela et bien d'autres avaient été prédits par les aéronautes professionnels, et je n'avais jusqu'à présent aucune preuve, en dehors du raisonnement, qu'ils n'avaient peut-être pas raison sur tel ou tel sujet.

J'ai démarré le moteur. Je n'ai ressenti aucune vibration particulière et je n'étais certainement pas secoué. J'ai augmenté la vitesse et ressenti *moins* de vibrations ! Cela ne faisait aucun doute : il y avait moins de vibrations dans ce tricycle léger suspendu dans les airs que ce que j'avais régulièrement ressenti lors de mes déplacements au sol. C'était mon premier triomphe dans les airs !

Je dirai franchement qu'en m'élevant dans les airs lors de mon premier voyage, je n'avais aucune crainte du feu. Ce que je craignais, c'était que le ballon n'éclate à cause de sa pression intérieure. J'en ai toujours peur.

Avant de monter, j'avais minutieusement essayé les valves. Je les essaie encore minutieusement avant chacun de mes déplacements. Le danger, bien sûr, était que les valves ne fonctionnaient pas correctement, auquel cas la dilatation du gaz à mesure que le ballon s'élevait provoquerait la redoutable explosion. Voici la grande différence entre les ballons sphériques et dirigeables. Le ballon sphérique est toujours ouvert. Lorsqu'il est tendu par le gaz, il a la forme d'une pomme ; lorsqu'il a perdu une partie de son gaz, il prend la forme d'une poire ; mais dans chaque cas il y a un grand trou au fond du ballon sphérique où se trouverait la tige de la pomme ou de la poire, et c'est par ce trou que le gaz a possibilité de s'apaiser dans les alternances constantes de condensation et de dilatation. . Disposant d'un tel évent libre, le ballon sphérique ne court aucun risque d'éclater en l'air ; mais le prix à payer pour cette immunité est une perte importante de gaz et, par conséquent, un raccourcissement fatal de la durée de séjour du ballon sphérique dans les airs. Un jour, un aérostier bouchera ce trou ; en fait, ils parlent déjà de le faire.

J'ai été obligé de le faire dans mon ballon dirigeable, dont il fallait à tout prix conserver la forme cylindrique. Pour moi, il ne doit pas y avoir de transformations comme de la pomme à la poire. Seule la pression intérieure pouvait me le garantir. Les valves auxquelles je fais référence ont été, depuis mes premières expériences, de toutes sortes, certaines interagissant très ingénieusement, d'autres d'une extrême simplicité. Mais leur objectif dans chaque cas a toujours été le même : maintenir le gaz étanche dans le ballon jusqu'à une certaine pression et en laisser ensuite sortir juste assez pour soulager la dangereuse pression intérieure. Il est donc facile de comprendre que si ces valves refusaient de fonctionner correctement, il y aurait un risque d'éclatement.

Ce danger possible, je l'ai reconnu, mais cela n'avait rien à voir avec le feu du moteur explosif. Pourtant, pendant tous mes préparatifs, et jusqu'au moment de crier : « Lâchez tous ! les aéronautes professionnels, ignorant complètement ce point faible du dirigeable, continuèrent à me mettre en garde contre les incendies, dont je n'avais aucune crainte !

"Est-ce qu'on ose frapper des allumettes dans la nacelle d'un ballon sphérique ?" ils ont demandé.

"Est-ce qu'on s'autorise même le réconfort d'une cigarette lors de voyages qui durent plusieurs heures ?"

Les cas ne me semblaient pas les mêmes. D'abord, pourquoi ne pas allumer une allumette dans la nacelle d'un ballon sphérique ? Si ce n'est que parce que l'esprit relie vaguement les idées de gaz et de flamme, le danger reste aussi idéal. Si c'est à cause d'une possibilité réelle d'inflammation du gaz qui s'est échappé du trou libre de la tige du ballon sphérique, cela ne s'appliquerait pas à moi. Mon ballon, hermétiquement fermé, sauf lorsqu'une pression excessive devait laisser s'échapper soit de l'air, soit un tout petit peu de gaz par une des valves automatiques, pouvait laisser un instant *derrière* lui une petite traînée de gaz en se déplaçant horizontalement ou en diagonale, mais il y aurait n'en avoir aucun devant là où se trouvait le moteur. (Voir Fig. 4.)

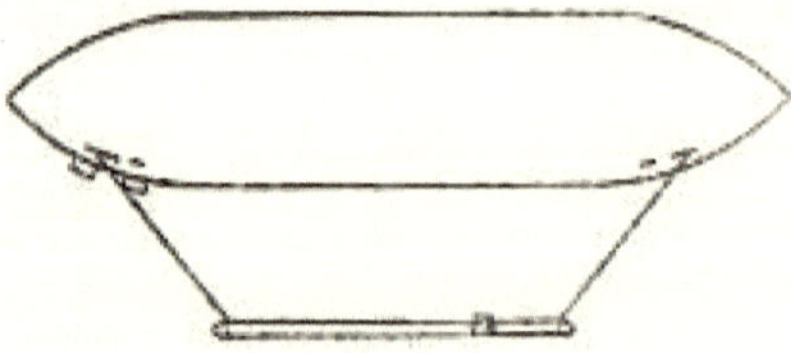

Figure 4

Dans ce premier dirigeable, j'avais placé les soupapes d'évacuation des gaz encore plus loin du moteur que je ne les place aujourd'hui. Les cordes de suspension étant très longues je m'accrochais dans ma nacelle bien en dessous du ballon. Je me suis donc demandé :

"Comment ce moteur, si loin en dessous du ballon, et si loin en avant de ses soupapes d'échappement, a-t-il pu mettre le feu au gaz enfermé dans celui-ci, alors que ce gaz n'est inflammable que lorsqu'il est mélangé à l'air ?"

Lors de ce premier essai, comme pour la plupart depuis, j'ai utilisé de l'hydrogène gazeux. Sans aucun doute, mélangé à l'air, il est extrêmement inflammable, mais il faut d'abord qu'il se mélange à l'air. Tous mes petits modèles de ballons sont tenus remplis d'hydrogène, et, ainsi remplis, je me suis plus d'une fois amusé à brûler *à l'intérieur d'eux* , non pas leur hydrogène, mais son mélange avec l'oxygène de l'atmosphère. Il suffit d'insérer dans le modèle de ballon un petit tube pour fournir un jet de l'atmosphère de la pièce à partir d'une pompe à air et de l'allumer avec l'étincelle électrique. De même, si une piqûre d'épingle avait créé un léger évent dans mon ballon dirigeable, la pression intérieure aurait envoyé dans l'atmosphère un long et mince courant d'hydrogène qui *aurait pu* s'enflammer s'il y avait eu une flamme suffisamment proche pour le faire. il. Mais il n'y en avait pas.

C'était le problème. Mon moteur a sans aucun doute envoyé des flammes sur, disons, un demi-mètre à la ronde. Il ne s'agissait cependant que de simples flammes, et non de produits encore brûlants d'une combustion incomplète comme les étincelles d'une machine à vapeur fonctionnant au charbon. Cela étant admis, comment le fait d'avoir une masse d'hydrogène non mélangée à l'air et bien enfermée dans une enveloppe étanche si haut au-dessus du moteur pouvait-il s'avérer dangereux ?

En retournant la question encore et encore dans mon esprit, je ne voyais qu'une seule possibilité dangereuse liée au feu. C'était la possibilité que le réservoir de pétrole lui-même prenne feu par un *retour de flamme* du moteur. Pendant cinq ans, je dois le dire en passant, j'ai bénéficié d'une immunité totale contre le *retour de flamme* . Puis, la même semaine où M. Vanderbilt s'est si gravement brûlé, le 6 juillet 1903, le même accident m'a rattrapé dans mon petit dirigeable runabout "N° 9" au moment où je traversais la Seine pour atterrir sur l'île de Puteaux. . J'ai aussitôt éteint la flamme avec mon chapeau Panama... sans autre incident.

Le "N°9" prend feu au dessus de l'ile de Puteaux

Pour de telles raisons, j'ai effectué mon premier voyage en dirigeable sans crainte d'incendie, mais non sans doute d'une éventuelle explosion due à un fonctionnement insuffisant des valves d'évacuation de mon ballon. Si une telle explosion « froide » se produisait, le moteur crachant des flammes enflammerait probablement la masse d'hydrogène et d'air mélangés qui m'entourerait ; mais cela n'aurait aucune influence décisive sur le résultat. L'explosion "froide" elle-même serait sans doute suffisante...

Aujourd'hui, après cinq années d'expérience, et malgré le *retour de flamme* au-dessus de l'île de Puteaux, je continue de considérer le danger d'incendie comme pratiquement *nul* ; mais la possibilité d'une explosion « à froid » reste toujours avec moi, et je dois continuer à acheter l'immunité contre celle-ci au prix d'une attention vigilante à mes soupapes d'échappement de gaz. En fait, la possibilité d'une telle chose est techniquement plus grande aujourd'hui qu'au début que je décris. Mon premier dirigeable n'était pas construit pour la vitesse ; par conséquent, il n'avait besoin que de très peu de pression intérieure pour préserver la forme de son ballon. Maintenant que j'ai une grande vitesse, comme dans mon "N° 7", je dois avoir une énorme pression intérieure pour résister à la pression extérieure de l'atmosphère devant le ballon lorsque je roule contre lui.

CHAPITRE X
Je me lance dans la construction de dirigeables

Au début du printemps 1899, je construisis un autre dirigeable, que le public parisien appela aussitôt « Le Santos-Dumont n° 2 ». Il avait la même longueur et, à première vue, la même forme que le « N° 1 » ; mais son plus grand diamètre a porté son volume à 200 mètres cubes, soit plus de 7 000 pieds cubes, et m'a donné 20 kilogrammes (44 livres) de force ascensionnelle supplémentaire. J'avais tenu compte de l'insuffisance de la pompe à air qui m'avait pratiquement tué, et j'avais ajouté un petit ventilateur en aluminium pour assurer la permanence de la forme du ballon.

**ACCIDENT DU "N° 2", 11 MAI 1899
(PREMIÈRE PHASE)**

Ce ventilateur était un ventilateur rotatif, actionné par le moteur, pour envoyer de l'air dans le petit ballon à air intérieur, qui était cousu à l'intérieur au fond du grand ballon comme une sorte de poche fermée. Sur la figure 5, G est le grand ballon rempli d'hydrogène gazeux, A le ballon à air intérieur, VV les vannes automatiques de gaz, AV la vanne d'air de ce dernier et TV le tube par lequel le ventilateur rotatif alimentait le ballon à air intérieur.

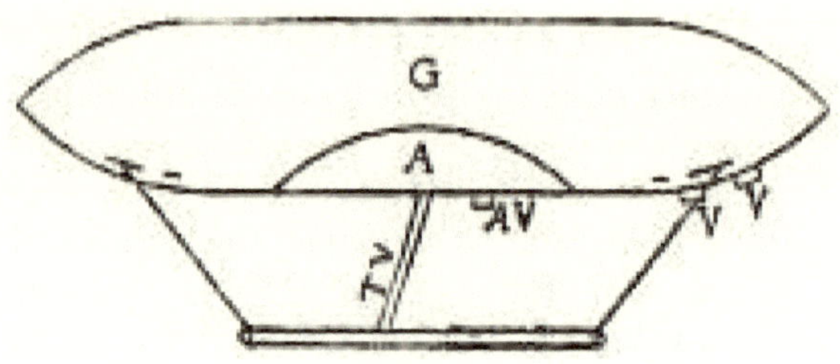

Figure 5

La soupape d'air *AV* était une soupape d'échappement semblable aux deux soupapes de gaz *VV* du grand ballon, à la seule exception qu'elle était plus faible. De cette façon, lorsqu'il y avait trop de fluide (*c'est-à-dire* du gaz ou de l'air, ou les deux) distendant le grand ballon, tout l'air quittait le ballon intérieur avant que le gaz ne quitte le grand ballon.

Le premier essai de mon "N° 2" fut fixé au 11 mai 1899. Malheureusement, le temps, qui avait été beau le matin, devint régulièrement pluvieux dans l'après-midi. À cette époque, je n'avais pas ma propre maison de ballons. Toute la matinée, le ballon s'est lentement rempli d'hydrogène gazeux à la station de ballons captifs du Jardin d'Acclimatation. Comme il n'y avait pas de hangar là-bas pour moi, le travail dut se faire à ciel ouvert, et cela se fit fâcheusement, avec cent retards, surprises et excuses.

Quand la pluie tombait, elle mouillait le ballon. Que fallait-il faire ? Je dois soit le vider et perdre l'hydrogène et tout mon temps et mes ennuis, soit continuer avec le désavantage d'une enveloppe de ballon trempée par la pluie, plus lourde qu'elle ne devrait l'être.

J'ai choisi de monter sous la pluie. A peine étais-je levé que le temps provoqua une grande contraction de l'hydrogène, de sorte que le long ballon cylindrique se rétrécit visiblement. Puis, avant que la pompe à air n'ait pu remédier au problème, une forte rafale de vent de pluie torrentielle l'a doublé pire que le "N° 1" et l'a projeté dans les arbres voisins.

Mes amis ont recommencé à me dire :

"Cette fois, vous avez appris votre leçon. Vous devez comprendre qu'il est impossible de garder la forme de votre ballon cylindrique rigide. Vous ne devez plus risquer votre vie en emportant un moteur à pétrole en dessous."

Je me suis dit:

"Qu'est-ce que la rigidité de la forme du ballon a à voir avec le danger d'un moteur à pétrole ? Les erreurs ne comptent pas. J'ai appris ma leçon, mais ce n'est pas cette leçon-là."

**ACCIDENT DU "N° 2", 11 MAI 1899
(DEUXIÈME PHASE)**

Je me mis donc immédiatement au travail sur un "N° 3", avec un ballon plus court et beaucoup plus épais, de 20 mètres (66 pieds) de long et 7,50 mètres (25 pieds) dans son plus grand diamètre (Fig. 6). Sa capacité de gaz bien plus grande – 500 mètres cubes (17 650 pieds cubes) – lui donnerait, avec de l'hydrogène, trois fois la puissance de levage de mon premier et deux fois celle de mon deuxième dirigeable. Cela m'a permis d'utiliser un gaz éclairant commun, dont le pouvoir de levage est environ la moitié de celui de l'hydrogène. L'usine à hydrogène du Jardin d'Acclimatation m'avait toujours mal servi. Avec le gaz éclairant je devrais être libre de partir de l'établissement de mon constructeur de ballons ou ailleurs comme je le désire.

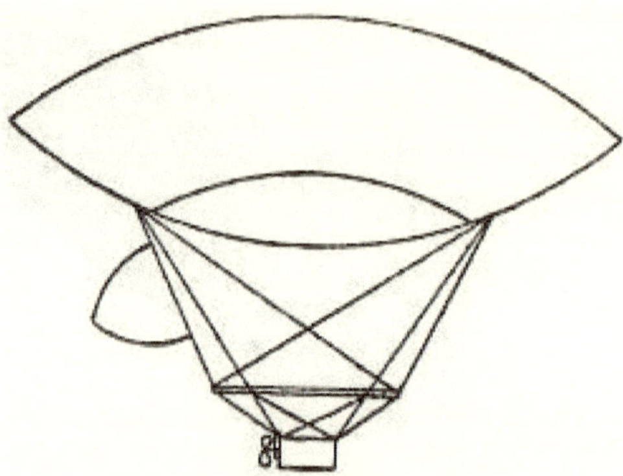

Figure 6

On verra que je m'éloignais des formes cylindriques de mes deux premiers ballons. À l'avenir, je me suis dit que j'éviterais au moins de doubler. La forme plus ronde de ce ballon permettait également de se passer du ballon à air intérieur et de sa pompe à air d'alimentation qui avaient refusé à deux reprises de fonctionner correctement au moment critique. Si ce ballon plus court et plus épais avait besoin d'aide pour conserver sa forme rigide, je me suis appuyé sur l'effet de raidissement d'une perche en bambou de 10 mètres (33 pieds) (Fig. 6) fixée dans le sens de la longueur aux cordes de suspension au-dessus de ma tête et directement sous le ballon. .

Bien qu'elle ne soit pas encore une véritable quille, cette quille polaire supportait le panier et la corde de guidage et permettait à mes poids de changer de jeu beaucoup plus efficacement.

Le 13 novembre 1899, je partais à bord du « Santos-Dumont n° 3 », de l'établissement de Vaugirard, pour le vol le plus réussi que j'aie jamais fait.

ACCIDENT DU "N° 2", 11 MAI 1899
(TROISIÈME PHASE)

De Vaugirard je me rendis directement au Champ de Mars que j'avais choisi pour son espace clair et ouvert. Là, j'ai pu pratiquer la navigation aérienne à ma guise - faire des cercles, avancer en ligne droite, forcer le dirigeable en diagonale vers l'avant et vers le haut, et tirer en diagonale vers le bas, par la force de l'hélice, et ainsi acquérir la maîtrise de mes poids changeants. Ceux-ci, en raison de la plus grande distance qui les séparait désormais aux extrémités de la quille polaire (fig. 6), travaillaient avec une efficacité qui m'étonnait moi-même. Ce fut mon plus grand triomphe, car il était déjà clair pour moi que la vérité centrale du vol en ballon dirigeable devait toujours être : « Descendre sans sacrifier le gaz et monter sans sacrifier le lest ».

Lors de ces premières évolutions sur le Champ de Mars je n'avais pas spécialement pensé à la Tour Eiffel. Tout au plus, il me semblait qu'il valait la peine d'en faire le tour, et c'est pourquoi j'en ai fait le tour à une distance prudente, encore et encore. Puis, toujours sans rêver de ce que l'avenir me réservait, je me dirigeai tout droit vers le Parc des Princes, *en suivant à peu près*

exactement la ligne qui, deux ans plus tard, devait marquer le parcours du prix Deutsch
.

Je me suis dirigé vers le Parc des Princes parce que c'était un autre bel espace ouvert. Mais une fois sur place, j'ai eu du mal à descendre, alors, faisant un crochet, j'ai navigué jusqu'au terrain de manœuvre de Bagatelle, où j'ai finalement atterri, en souvenir de ma chute de l'année précédente. C'était presque à l'endroit exact où les garçons cerfs-volants avaient tiré sur ma corde de guidage et m'avaient sauvé d'une mauvaise secousse. A cette époque, rappelez-vous, ni l'Aéro Club ni moi-même ne possédons de parc ou de hangar de ballons pour partir et pour revenir.

Lors de ce voyage, j'ai considéré que si l'air avait été calme, ma vitesse par rapport au sol aurait atteint 25 kilomètres (15 miles) par heure. En d'autres termes, j'avançais à cette vitesse dans les airs, le vent étant fort mais non violent. Aussi, même si des raisons sentimentales ne m'avaient pas poussé à atterrir à Bagatelle, j'aurais hésité à revenir *avec le vent* à la maison-ballon de Vaugirard, elle-même de petite taille, difficile d'accès, et entourée de toutes les maisons d'un quartier animé. L'atterrissage à Paris, en général, est dangereux pour tout type de ballon, au milieu de cheminées qui menacent de lui percer le ventre et de tuiles toujours prêtes à être renversées sur la tête des passants. Lorsque les dirigeables deviendront à l'avenir aussi courants que les automobiles le sont aujourd'hui, il faudra leur construire de spacieux débarcadères publics et privés dans toutes les parties de la capitale. Ils ont déjà été prédits par M. Wells dans son étrange livre « Quand le dormeur se réveille ».

ACCIDENT DU "N° 2", 11 MAI 1899
(FINALE)

Des considérations de cet ordre m'ont rendu désirable d'avoir ma propre plante. J'avais besoin d'un bâtiment pour abriter mon dirigeable entre deux voyages. Jusqu'alors j'avais vidé le ballon de tout son gaz à la fin de chaque voyage, comme on doit le faire avec les ballons sphériques. Maintenant, je voyais des possibilités très différentes pour les dirigeables. Ce qui était important, c'était que mon "N° 3" avait perdu si peu d'essence (ou peut-être pas du tout) à la fin de son premier long voyage, que j'aurais très bien pu l'héberger pour la nuit et repartir dedans le le prochain jour.

Je n'avais plus le moindre doute sur le succès de mon invention. J'avais prévu que je me lancerais dans la construction de dirigeables comme une sorte de travail de ma vie. J'aurais besoin de mon propre atelier, de ma propre maison de ballons, d'une usine d'hydrogène et d'un raccordement au réseau de gaz d'éclairage.

L'Aéroclub venait d'acquérir un terrain sur les Côteaux de Longchamps nouvellement ouverts à Saint-Cloud, et je décidai d'y construire un grand hangar, assez long et assez haut pour abriter mon dirigeable avec son ballon entièrement gonflé, et meublé de toutes les installations mentionnées.

Cet aérodrome, que j'ai construit à mes frais, mesurait 30 mètres de long (100 pieds), 7 mètres (25 pieds) de large et 11 mètres (36 pieds) de haut. Même ici, j'ai dû lutter contre l'orgueil et les préjugés des artisans qui m'avaient déjà donné tant de peine au Jardin d'Acclimatation. Il a été déclaré que les portes coulissantes de mon aérodrome ne pouvaient coulisser en raison de leurs grandes dimensions. J'ai dû insister. « Suivez mes instructions, dis-je, et ne vous souciez pas de leur praticabilité ! Bien que les hommes eussent fixé leur propre solde, il me fallut longtemps avant de pouvoir vaincre leur entêtement vaniteux. Une fois terminées, les portes fonctionnèrent naturellement. Trois ans plus tard, l'aérodrome construit pour moi par le Prince de Monaco selon mes plans avait des portes coulissantes encore plus grandes.

Pendant que cette première de mes maisons à ballons était en construction, j'ai fait plusieurs autres voyages réussis dans le « N° 3 », la dernière fois perdant mon gouvernail et atterrissant heureusement dans la plaine d'Ivry. Je n'ai pas réparé le "N° 3". Son ballon était de forme trop maladroite et son moteur trop faible. J'avais désormais mon propre aérodrome et mon usine à gaz. Je construirais un nouveau dirigeable et, grâce à lui, je pourrais expérimenter pendant de plus longues périodes et avec plus de méthode.

DÉBUT DU « N° 3 », 13 NOVEMBRE 1899

L'Exposition de 1900, avec ses congrès savants, approchait. Son congrès international d'aéronautique étant fixé au mois de septembre, je résolus que le nouveau dirigeable serait prêt à lui être présenté.

C'était mon "N° 4", terminé le 1er août 1900, et de loin le plus connu du monde entier de tous mes dirigeables. Cela est dû au fait que lorsque j'ai remporté le prix Deutsch, près de dix-huit mois plus tard et dans une construction tout à fait différente, les journaux du monde entier ont publié d'anciens extraits de ce "N° 4", qu'ils avaient conservés dans leurs archives.

C'était le dirigeable avec la selle de vélo. Dans celui-ci, la perche en bambou de 10 mètres (33 pieds) de mon "N° 3" se rapprochait davantage d'une véritable quille dans la mesure où elle ne pendait plus au-dessus de ma tête, mais, amplifiée par des traverses verticales et horizontales et un système de des cordes étroitement tendues, soutenant en elles-mêmes le moteur, l'hélice et les machines de connexion, le réservoir de pétrole, le ballast et le navigateur dans une sorte de toile d'araignée sans panier (voir photographie, page 135).

J'ai été obligé de m'asseoir au milieu de la toile d'araignée, sous le ballon, sur la selle d'un cadre de vélo que j'y avais incorporé. Ainsi, l'absence de la traditionnelle nacelle à ballons semblait me laisser à califourchon sur un poteau au milieu d'une confusion de cordes, de tubes et de machines. Néanmoins, l'appareil était très pratique, car autour de ce cadre de vélo j'avais réuni des cordons pour contrôler les poids de déplacement, pour allumer l'étincelle électrique du moteur, pour ouvrir et fermer les valves du ballon, pour allumer et éteindre les robinets de lest d'eau et certains autres fonctions du dirigeable. Sous mes pieds, j'avais les pédales de démarrage d'un nouveau moteur à pétrole de 7 chevaux, entraînant une hélice dotée de deux ailes de 4 mètres (13 pieds) de diamètre chacune. Ils étaient en soie, tendus sur des plaques d'acier et très résistants. Pour diriger, mes mains reposaient sur le guidon du vélo relié à mon gouvernail.

"SANTOS-DUMONT N°4"

Au-dessus de tout cela s'étendait le ballon, long de 39 mètres (129 pieds), avec un diamètre moyen de 5,10 mètres (17 pieds) et une capacité de gaz de 420 mètres cubes (près de 15 000 pieds cubes). Dans la forme, c'était un compromis entre les cylindres élancés de mes premières constructions et la compacité maladroite du « N° 3 ». (Voir Fig. 7.) Pour cette raison, j'ai cru prudent de lui doter d'un ballon intérieur à air compensateur alimenté par un ventilateur rotatif comme celui du "N° 2", et comme le ballon était plus petit que son prédécesseur, j'ai été obligé de revenir à l'hydrogène pour obtenir une puissance de levage suffisante. Il n'y avait d'ailleurs plus aucune raison pour que je n'emploie pas l'hydrogène. J'avais désormais mon propre générateur d'hydrogène gazeux, et mon « N° 4 », hébergé en toute sécurité dans l'aérodrome, pouvait rester gonflé pendant des semaines.

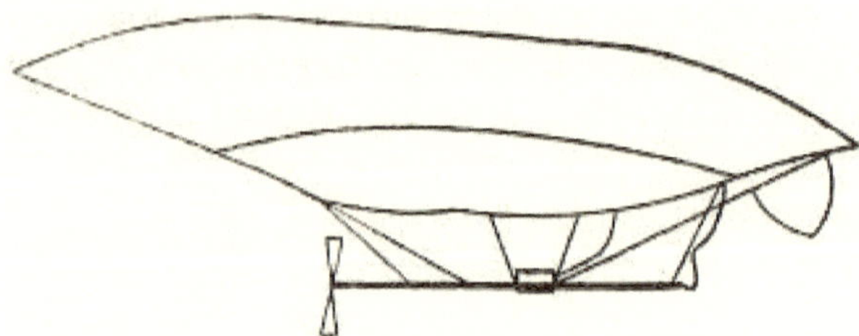

Figure 7

Dans le Santos-Dumont, n° 4, j'ai également tenté l'expérience de placer l'hélice à l'étrave au lieu de l'arrière du dirigeable. Ainsi, fixée à la quille polaire à l'avant, la vis a tiré, au lieu de la pousser dans les airs. Le nouveau moteur de 7 chevaux à deux cylindres le faisait tourner à une vitesse de 100 tours par minute et produisait, à partir d'un point fixe, un effort de traction d'environ 30 kilogrammes (66 lbs.).

La quille polaire avec ses traverses, son cadre de vélo et son mécanisme pesaient lourd. Par conséquent, même si le ballon était rempli d'hydrogène, je ne pouvais pas emporter plus de 50 kilogrammes (110 livres) de lest.

J'ai fait des expériences presque quotidiennes avec ce nouveau dirigeable en août et septembre 1900 sur le terrain de l'Aéro Club de St Cloud, mais mon essai le plus mémorable avec lui a eu lieu le 19 septembre en présence des membres du Congrès International de l'Aéronautique. Bien qu'un accident de gouvernail au dernier moment m'empêchait de faire une ascension libre devant ces hommes de science, j'ai néanmoins résisté au vent très fort qui soufflait à ce moment-là et j'ai donné ce qu'ils ont bien voulu proclamer. une démonstration satisfaisante de l'efficacité d'une hélice aérienne entraînée par un moteur pétrolier.

MOTEUR DU "N°4"

Un membre distingué du Congrès, le professeur Langley, désira être présent quelques jours plus tard à l'un de mes procès habituels, et je reçus de lui les encouragements les plus chaleureux.

Le résultat de ces essais devait néanmoins me décider à doubler la puissance de l'hélice par l'adoption du moteur à pétrole du type quatre cylindres sans chemise d'eau, c'est-à-dire le système de refroidissement *à ailettes*. Le nouveau moteur m'a été livré très rapidement et j'ai immédiatement entrepris d'y adapter le dirigeable. Son poids supplémentaire m'obligeait soit à construire un nouveau ballon, soit à agrandir l'ancien. J'ai essayé ce dernier cours. En coupant le ballon en deux, j'en ai fait mettre un morceau, comme on met une feuille dans une rallonge. Cela a porté la longueur du ballon à 33 mètres (109 pieds). J'ai ensuite constaté que l'aérodrome était trop court de 3 mètres (10 pieds) pour le recevoir. En prévision des besoins futurs, j'ai ajouté 4 mètres (13 pieds) à sa longueur.

Moteur, ballon et hangar furent transformés en quinze jours. L'Exposition était encore ouverte, mais les pluies d'automne s'étaient installées. Après avoir attendu, avec le ballon rempli d'hydrogène, pendant deux semaines de pire temps possible, j'ai laissé échapper le gaz et j'ai commencé à expérimenter le moteur et l'hélice. Ce n'était pas du temps perdu, car, portant la vitesse de l'hélice à 140 tours par minute, je réalisai, à partir d'un point fixe, un effort de traction de 55 kilogrammes (120 lbs.). En effet, l'hélice tournait avec une telle force que j'ai contracté une pneumonie dans son courant d'air froid.

Je me rendis à Nice pour une pneumonie, et là, en convalescence, une idée me vint.

Cette nouvelle idée a pris la forme de ma première véritable quille de dirigeable.

Dans une petite menuiserie de Nice, j'ai réalisé de mes propres mains une longue charpente en pin à section triangulaire, d'une grande légèreté et d'une grande rigidité. Bien que mesurant 18 mètres (59½" pieds) de longueur, il ne pesait que 41 kilogrammes (90 lbs). Ses joints étaient en aluminium et, pour assurer sa légèreté et sa rigidité, pour lui faire offrir moins de résistance à l'air et le rendre moins soumis aux variations hygrométriques, j'ai eu l'idée de le renforcer avec des cordes à piano bien tendues au lieu de cordes.

VISITE DU PROFESSEUR LANGLEY

S'ensuit alors ce qui s'avère être une idée totalement nouvelle dans le domaine de l'aéronautique. Je me suis demandé pourquoi je n'utiliserais pas cette même corde à piano pour toutes mes suspensions de ballons dirigeables à la place des cordes et cordages utilisés jusqu'à présent dans toutes sortes de ballons. Je l'ai fait et l'innovation s'est avérée particulièrement précieuse. Ces cordes à piano, d'un diamètre de 8/10ème de millimètre (0,032 pouce), possèdent un coefficient de rupture élevé et une surface si fine que leur substitution aux suspensions à cordes ordinaires constitue un plus grand progrès que bien d'autres dispositifs plus voyants. En effet, il a été calculé que les suspensions à corde offraient presque autant de résistance à l'air que le ballon lui-même.

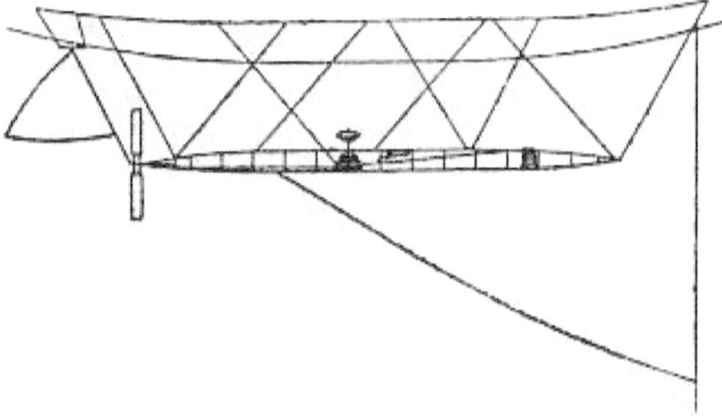

Figure 8

A l'arrière de cette quille de dirigeable, j'installai de nouveau mon hélice. Je n'avais trouvé aucun avantage à le placer devant le "N° 4", où il constituait un véritable obstacle au libre fonctionnement du câble de guidage. L'hélice était désormais entraînée par un nouveau moteur quatre cylindres de 12 chevaux sans chemise d'eau, par l'intermédiaire d'un long arbre creux en acier. En plaçant ce moteur au centre de la quille, j'équilibrais son poids en me plaçant dans ma nacelle bien en avant, tandis que le cordage de guidage pendait suspendu à un point encore plus en avant (Fig. 8). J'y attachai, sur une certaine distance, l'extrémité d'une corde plus légère qui courait jusqu'à une poulie fixée dans la partie arrière de la quille, et de là à mon panier, où je l'attachai à ma main. J'ai donc demandé à la corde de guidage de faire le travail de déplacement des poids. Imaginez, par exemple, qu'en suivant une trajectoire horizontale droite (comme dans la figure 8), j'aie envie de m'élever. Il me suffirait de tirer sur le levier de commande du câble de guidage. Cela tirerait le câble de guidage lui-même vers l'arrière (Fig. 9), et reculerait ainsi d'autant le centre de gravité de l'ensemble du système. La tige du dirigeable s'élèverait (comme sur la figure 9) et, par conséquent, la force de mon hélice me pousserait vers le haut le long de la nouvelle ligne diagonale.

"Numéro 4." VOL DEVANT LE PROFESSEUR LANGLEY

Le gouvernail était fixé à l'arrière comme d'habitude, et les cylindres de ballast d'eau, les masselottes accessoires, le réservoir de pétrole et les autres parties de la machinerie étaient disposés dans la nouvelle quille, bien équilibrée. Pour la première fois dans ces expériences, ainsi que pour la première fois en aéronautique, j'ai utilisé du lest liquide. Deux réservoirs en laiton, très minces et contenant au total 54 litres (12 gallons), étaient remplis d'eau et fixés dans la quille, comme indiqué ci-dessus, entre le moteur et l'hélice, et leurs deux robinets étaient disposés de manière à pouvoir être ouverts et fermés. de mon panier au moyen de deux fils d'acier.

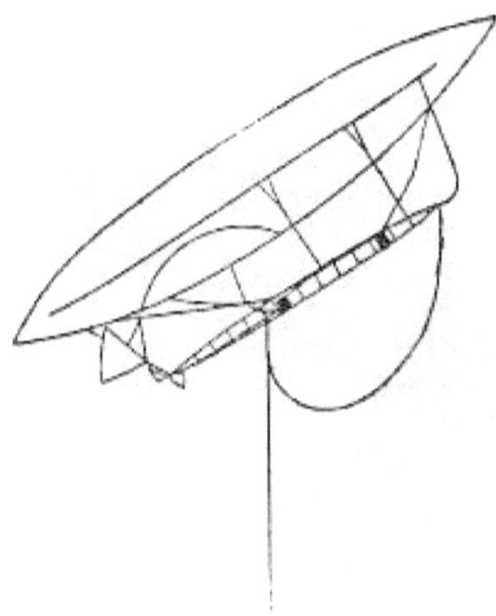

Figure 9

Avant que cette nouvelle quille ne soit montée sur le ballon agrandi de mon "N° 5", et en reconnaissance du travail que j'avais accompli en 1900, la Commission Scientifique de l'AéroClub de Paris m'avait décerné son prix d'Encouragement, fondé par M. Deutsch. (de la Meurthe), et composé des intérêts annuels de 100,000 francs. Pour inciter d'autres à s'attaquer au problème difficile et coûteux du vol en ballon dirigeable, j'ai laissé ces 4000 francs à la disposition de l'Aéro Club pour fonder un nouveau prix. J'ai rendu les conditions pour gagner très simples :

« Le prix Santos-Dumont sera décerné à l'aéronaute, membre de l'Aéroclub de Paris, et non fondateur de ce prix, qui entre le 1er mai et le 1er octobre 1901, au départ du Parc d'Aérostation de St Cloud, aura faire le tour de la Tour Eiffel et revenir au point de départ, au bout d'un temps quelconque, sans avoir touché terre, et par ses moyens autonomes à bord seul.

"Si le prix Santos-Dumont n'est pas remporté en 1901, il restera ouvert l'année suivante, toujours du 1er mai au 1er octobre, et ainsi de suite, jusqu'à ce qu'il soit remporté."

L'Aéro Club a signifié l'importance d'une telle épreuve en décidant de remettre sa plus haute récompense, une médaille d'or, au vainqueur du prix Santos-Dumont, comme en témoigne son procès-verbal de l'époque. Depuis, les 4000 francs sont restés dans la trésorerie du Club.

"SANTOS-DUMONT N°5"

CHAPITRE XII
LE PRIX DEUTSCH ET SES PROBLEMES

Cela m'amène au prix Deutsch de navigation aérienne, offert au printemps 1900, alors que je pilotais mon "N° 3", et après avoir au moins une fois - sans le savoir - dirigé sur ce qui devait être son exact parcours de la Tour Eiffel à la Seine à Bagatelle (voir page 127).

Ce prix de 100 000 francs, fondé par M. Deutsch (de la Meurthe), membre de l'Aéro Club de Paris, devait être décerné par la Commission scientifique de cet organisme au premier ballon dirigeable ou dirigeable qui, entre le 1er mai et Les 1er octobre 1900, 1901, 1902, 1903 et 1904 devaient s'élever du Parc d'Aérostation de l'Aéro Club de St Cloud et, sans toucher terre et par ses propres moyens autonomes à bord seul, décrire une courbe fermée de telle de manière à ce que l'axe de la Tour Eiffel soit à l'intérieur du circuit et revienne au point de départ dans le temps maximum d'une demi-heure. Si plusieurs accomplissaient la tâche la même année, les 100 000 francs devaient être répartis proportionnellement aux délais respectifs.

La Commission Scientifique de l'Aéro Club avait été nommée expressément dans le but de formuler ces conditions et toutes autres conditions de fondation qu'elle jugerait opportunes, et en raison de certaines d'entre elles, je n'avais pas tenté de remporter le prix avec mon "Santos-Dumont". , Numéro 4." Le parcours aller-retour du Parc d'Aérostation de l'Aéro Club à la Tour Eiffel était de 11 kilomètres (près de 7 miles), et cette distance, *plus le tour de la Tour*, doit être accomplie en trente minutes. Cela signifiait, dans un calme parfait, une vitesse nécessaire de 25 kilomètres par heure pour les lignes droites - une vitesse que je ne pouvais pas être sûr de maintenir jusqu'au bout dans mon "No. 4."

Une autre condition formulée par la Commission scientifique était que ses membres, qui devaient être juges de toutes les épreuves, devaient être prévenus vingt-quatre heures avant chaque tentative. Naturellement, une telle condition aurait pour effet d'annuler autant que possible tous les calculs de temps infimes basés soit sur une vitesse donnée dans un calme parfait, soit sur un courant d'air qui pourrait prévaloir vingt-quatre heures avant l'heure de l'essai. Bien que Paris soit située dans un bassin entouré de tous côtés par des collines, ses courants d'air sont particulièrement variables et les changements météorologiques brusques sont extrêmement fréquents.

Je prévoyais aussi que lorsqu'un concurrent aurait commis l'acte formel de réunir une commission scientifique sur un versant de la Seine aussi loin de Paris que Saint-Cloud, il serait soumis à une sorte de pression morale pour poursuivre son procès, non. peu importe la façon dont les courants d'air auraient pu augmenter, et quel que soit le type de temps – humide, sec ou simplement humide – il pourrait se trouver.

Encore une fois, cette pression morale pour poursuivre le procès contre le meilleur jugement de l'aéronaute doit s'étendre même dans le cas d'un changement malheureux dans l'état du dirigeable lui-même. On ne convoque pas pour rien un groupe de personnalités éminentes sur une rive lointaine d'une rivière, mais dans les vingt-quatre heures qui séparent la notification du procès, même un ballon allongé bien surveillé pourrait bien perdre un peu de sa tension sans s'en apercevoir. Un essai préliminaire d'un jour précédent aurait pu facilement perturber un moteur aussi incertain que le moteur à pétrole de l'année 1900. Et, enfin, j'ai vu que le concurrent se verrait interdire, par simple courtoisie, de convoquer la Commission à l'heure même la plus favorable aux expériences de ballons dirigeables. sur Paris, le calme de l'aube. Le duelliste peut appeler ses amis à cette heure sacrée, mais pas le capitaine du dirigeable.

En fondant le prix Santos-Dumont avec les 4000 francs que m'a attribués l'Aéro-Club pour mon travail en 1900, on remarquera que je n'ai d'ailleurs pas posé de telles conditions. Je n'ai pas souhaité compliquer le procès en imposant une vélocité minimale, le contrôle d'une commission spéciale, ou une quelconque limitation de la durée du procès dans la journée. J'étais sûr que, même dans les conditions les plus larges, ce serait beaucoup de revenir au point de départ après avoir atteint un poste publiquement signalé à l'avance, chose inouïe avant 1901.

Les conditions du prix Santos-Dumont laissaient donc aux concurrents la liberté de choisir l'état de l'air le moins défavorable pour eux, comme le calme de la fin de soirée ou du petit matin. Je ne leur infligerai pas non plus les éventuelles surprises d'une période d'attente entre la convocation et la réunion d'une Commission scientifique, elle-même à mes yeux tout à fait inutile de nos jours, où l'armée des journalistes d'une grande capitale est toujours prête à se mobiliser. sans préavis, à toute heure et à tout endroit, à la simple perspective d'une nouvelle. Les journalistes de Paris seraient ma Commission scientifique.

"N ° 5." QUITTER LE TERRAIN DE L'AËRO CLUB, LE 12 JUILLET 1901

Comme je m'étais exclu de la candidature au prix Santos-Dumont, j'ai naturellement voulu montrer qu'il ne serait pas impossible d'en remplir les conditions. Mon "N° 5" - composé du ballon agrandi du "N° 4" et de la nouvelle quille, du moteur et de l'hélice déjà décrits - était maintenant prêt pour l'essai. Dans ce document, du premier coup, j'ai rempli les conditions de ma propre fondation de prix.

C'était le 12 juillet 1901, après un vol d'entraînement la veille. A 4h30 DU MATIN, je dirigeais mon dirigeable depuis le parc de l'Aéro Club de St Cloud jusqu'à l'hippodrome de Longchamps. Je ne pris pas à ce moment le temps de demander la permission au Jockey Club, qui, cependant, quelques jours plus tard, mit à ma disposition cet admirable espace ouvert. Dix fois de suite j'ai fait le circuit de Longchamps, en m'arrêtant chaque fois à un point désigné d'avance.

Après ces premières évolutions, qui représentaient au total une distance d'environ 35 kilomètres (22 milles), je partis pour Puteaux, et après une excursion d'environ 3 kilomètres (2 milles), effectuée en neuf minutes, je retournai à Longchamps. .

J'étais alors si satisfait de la dirigeabilité de mon "N° 5" que je me mis à la recherche de la Tour Eiffel. Il avait disparu dans les brumes du matin, mais sa direction m'était bien connue, alors je me dirigeai vers lui du mieux que je pus.

En dix minutes j'étais à 200 mètres (40 cannes) du Champ de Mars. A ce moment une des cordes gérant mon safran s'est cassée. Il fallait absolument le réparer immédiatement, et pour le réparer il fallait que je descende sur terre. Avec une parfaite aisance, j'ai tiré vers l'avant la corde de guidage, j'ai déplacé mon centre de gravité et j'ai conduit le dirigeable en diagonale vers le bas, atterrissant doucement dans les jardins du Trocadéro. Des ouvriers de bonne humeur accouraient vers moi de toutes parts.

Ai-je besoin de quelque chose ? ils ont demandé.

Oui; J'avais besoin d'une échelle. Et en moins de temps qu'il n'en faut pour l'écrire, une échelle a été trouvée et mise en place. Pendant que deux de ces volontaires discrets et intelligents le tenaient, j'ai grimpé une vingtaine de tours jusqu'à son sommet et j'ai pu réparer la liaison du gouvernail endommagée.

"N ° 5." RETOUR DE LA TOUR EIFFEL

Je repartis en montant en diagonale jusqu'à l'altitude choisie, tournai la Tour Eiffel dans un large virage et revins à Longchamps en ligne droite sans autre incident après un voyage qui, arrêt pour réparation compris, avait duré une heure et six minutes. . Puis, après quelques minutes de conversation, je repris mon vol pour l'aérodrome de Saint-Cloud, longeant la Seine à 200 mètres d'altitude, et logeant l'aéronef encore parfaitement gonflé dans son hangar comme s'il s'agissait d'un avion. une simple automobile.

CHAPITRE XIII
UNE CHUTE AVANT UNE MONTÉE

Mon "N° 5" s'était révélé tellement plus puissant que ses prédécesseurs que j'ai trouvé le courage de m'inscrire au concours du prix Deutsch.

Ayant franchi cette étape décisive, j'ai immédiatement convoqué la Commission Scientifique de l'Aéro Club pour un essai conformément au règlement.

La Commission réunie dans l'enceinte de l'Aéro Club de St Cloud le 13 juillet 1901 à 6h30 du MATIN. A 6h41 je partais. J'ai tourné la Tour Eiffel à la dixième minute et suis revenu contre un vent contraire inattendu pour atteindre les chronométreurs de St Cloud à la quarantième minute, à 200 mètres d'altitude, et après une lutte acharnée contre les éléments.

"N ° 5." ACCIDENT AU PARC DE M. EDMOND DE ROTHSCHILD

Juste à ce moment, mon capricieux moteur s'arrêta, et l'aéronef, privé de sa puissance, fut emporté et tomba sur le plus haut châtaignier du parc de M. Edmond de Rothschild. Les habitants et les domestiques de la villa, qui accoururent, s'imaginèrent tout naturellement que le dirigeable devait faire naufrage et que moi-même probablement me blesserais. Ils furent étonnés de me trouver debout dans mon panier en haut de l'arbre, alors que l'hélice touchait le sol. Compte tenu de la force avec laquelle le vent avait soufflé lorsque je luttais contre lui dans la dernière ligne droite, j'ai été moi-même surpris de constater à quel point le ballon était peu déchiré. Néanmoins, tout son gaz l'avait quitté.

Cela s'est passé tout près de la maison de la princesse Isabelle, comtesse d'Eu, qui, apprenant mon sort et apprenant que je devais être occupé quelque temps à désengager le dirigeable, m'a envoyé un déjeuner dans mon arbre, avec une invitation à venir lui raconter mon voyage. Quand l'histoire fut terminée, la fille de Dom Pedro me dit :

"Vos évolutions dans les airs me font penser au vol de nos grands oiseaux du Brésil. J'espère que vous ferez aussi bien avec votre hélice qu'eux avec leurs ailes, et que vous réussirez pour la gloire de notre pays commun."

Quelques jours plus tard, je reçus la lettre suivante :—

" 1er août 1901.

" MONSIEUR SANTOS-DUMONT , — Voici une médaille de saint Benoît qui protège contre les accidents.

"Acceptez-le et portez-le à votre chaîne de montre, dans votre porte-cartes ou à votre cou.

"Je vous l'envoie en pensant à votre bonne mère, et en priant Dieu de vous aider toujours et de vous faire travailler à la gloire de notre pays.

(Signé) " ISABELLE, COMTESSE D'EU. "

Comme les journaux ont souvent parlé de mon « bracelet », je peux dire que la fine chaîne d'or qui le compose n'est que le moyen que j'ai pris pour porter cette médaille qui me tient à cœur.

UN ACCIDENT

Le dirigeable, dans son ensemble, a été très peu endommagé, compte tenu de la force du vent et de la nature de l'accident. Lorsqu'il fut prêt à être ressorti, j'ai néanmoins jugé prudent d'en faire plusieurs essais sur la pelouse de l'hippodrome de Longchamps. Je citerai un de ces essais, car il m'a donné, chose rare, une idée assez précise de la vitesse de l'aéronef dans un calme parfait. A cette occasion, M. Maurice Farman m'a suivi autour de l'hippodrome dans son automobile à sa deuxième vitesse. Son estimation se situait entre 26 et 30 kilomètres (16 et 18½" miles) par heure avec ma corde de guidage qui traînait. Bien sûr, lorsque la corde de guidage traîne, elle agit exactement comme un frein. La quantité qu'elle retient dépend de la longueur réelle. traîne sur le sol. Notre calcul à l'époque était d'environ 5 kilomètres (3 miles) par heure, ce qui aurait porté ma vitesse appropriée entre 30 et 35 kilomètres (18½" et 21½" miles) par heure. Tout cela m'a encouragé. faire un autre essai pour le prix Deutsch.

Et voilà que j'arrive à un jour terrible : le 8 août 1901. A 6h30 , en présence de la Commission Scientifique de l'Aéro Club, je repart pour la Tour Eiffel.

Je tournai la Tour au bout de neuf minutes et repris le chemin de Saint-Cloud ; mais mon ballon perdait de l'hydrogène par l'une de ses deux valves à gaz automatiques, dont le ressort avait été accidentellement affaibli.

J'avais perçu le début de cette perte de gaz avant même d'arriver à la Tour Eiffel, et d'ordinaire, dans un tel cas, j'aurais dû venir immédiatement sur terre pour examiner la lésion. Mais là, je concourais pour un prix très honorable, et ma vitesse avait été bonne. C'est pourquoi j'ai pris le risque de continuer.

Le ballon a maintenant visiblement rétréci. Lorsque j'arrivai aux fortifications de Paris, près de La Muette, les fils de suspension s'affaissaient tellement que ceux qui étaient les plus proches de l'hélice s'y accrochaient pendant qu'elle tournait.

J'ai vu l'hélice couper et déchirer les fils. J'ai arrêté le moteur instantanément. Puis, en conséquence, le dirigeable fut aussitôt repoussé vers la Tour par le vent, qui était fort.

En même temps, je tombais. Le ballon avait perdu beaucoup de gaz. J'aurais pu jeter du lest et diminuer grandement la chute, mais alors le vent aurait eu le temps de me repousser sur la Tour Eiffel. J'ai donc préféré laisser le dirigeable s'effondrer au fur et à mesure qu'il allait. Cela a peut-être paru une chute épouvantable à ceux qui l'ont observé depuis le sol, mais pour moi le pire détail était le manque d'équilibre du dirigeable. Le ballon à moitié vide, agitant son extrémité vide comme un éléphant agite sa trompe, a fait pointer la tige du dirigeable vers le haut selon un angle alarmant. Ce que je craignais donc le plus, c'était que la tension inégale exercée sur les fils de suspension ne les casse un à un et me précipite ainsi au sol.

Pourquoi le ballon flottait-il vers une extrémité vide et causait-il tout ce danger supplémentaire ? Comment se fait-il que le ventilateur rotatif ne remplisse pas son rôle en alimentant le ballon à air intérieur et en gonflant ainsi le ballon à gaz qui l'entoure ? La réponse doit être recherchée dans la nature de l'accident. Le ventilateur rotatif a cessé de fonctionner lorsque le moteur lui-même s'est arrêté, et j'ai été obligé d'arrêter le moteur pour empêcher l'hélice de déchirer les fils de suspension à proximité lorsque le ballon a commencé à s'affaisser à cause d'une perte de gaz. Il est vrai que le ventilateur, qui fonctionnait à ce moment-là, ne s'était pas révélé suffisant pour empêcher les premiers affaissements. Il se peut que la montgolfière intérieure ait refusé de se remplir correctement. Le lendemain de l'accident, lorsque l'homme de mon constructeur de ballon est venu me voir pour les plans d'une enveloppe de ballon "N° 6", j'ai déduit de quelque chose qu'il disait que la montgolfière intérieure du "N° 5", n'ayant pas été remise le temps que son vernis sèche avant d'être ajusté, aurait pu se coller entre eux ou coller aux côtés ou au fond du ballon extérieur. Telles sont les récompenses de la hâte.

Je tombais. Au même moment le vent m'emportait vers la Tour Eiffel. Il m'avait déjà porté si loin que je m'attendais à atterrir sur les quais de la Seine, au-delà du Trocadéro. Ma nacelle et toute la quille avaient déjà dépassé les hôtels du Trocadéro, et si mon ballon avait été sphérique, il aurait également franchi le bâtiment. Mais voici qu'au dernier moment critique, l'extrémité du long ballon encore plein de gaz s'abattait sur le toit juste avant de le dégager. Il a explosé avec un grand bruit, exactement comme un sac en papier frappé après avoir explosé. C'est la « terrible explosion » décrite dans les journaux de l'époque.

J'avais commis une erreur de quelques mètres dans mon estimation de la force du vent. Au lieu d'être amené à tomber sur les quais de la Seine, je me trouvais maintenant suspendu dans mon panier d'osier, en haut de la cour des hôtels du Trocadéro, soutenu par la quille de mon dirigeable, qui se dressait à un angle d'environ 45 degrés entre le mur de la cour au-dessus et le toit d'une construction inférieure plus en bas. La quille, malgré mon poids, celui du moteur et des machines, et le choc qu'elle avait reçu en tombant, résista merveilleusement. Les fines lamelles de pin et les cordes à piano de Nice m'avaient sauvé la vie !

PHASE D'UN ACCIDENT

Après ce qui m'a semblé une attente fastidieuse, j'ai vu une corde qu'on me descendait du toit au-dessus. Je m'y tins, et je fus hissé, lorsque j'aperçus que mes sauveurs étaient les braves pompiers de Paris. De leur station de Passy, ils surveillaient le vol du dirigeable. Ils avaient vu ma chute et se précipitaient aussitôt sur place. Puis, après m'avoir secouru, ils se mirent à secourir le dirigeable.

L'opération a été douloureuse. Les restes de l'enveloppe du ballon et des fils de suspension pendaient lamentablement, et il était impossible de les dégager sauf par bandes et fragments !

J'ai donc échappé – et ma fuite a peut-être été étroite – mais ce n'était pas du danger particulier toujours présent dans mon esprit pendant cette période d'épreuves autour de la Tour Eiffel. Un journaliste parisien a déclaré que si la Tour Eiffel n'avait pas existé, il aurait fallu l'inventer pour les besoins de l'aérostation. Il est vrai que les ingénieurs qui restent à son sommet ont entre les mains tous les instruments nécessaires à l'observation des conditions aériennes et météorologiques : leurs chronomètres sont exacts ; et, comme le professeur Langley l'a dit dans une communication au Louisiana Purchase Exposition Committee, la position de la Tour en tant que point de repère central, visible par tous à des distances considérables, en faisait un poste gagnant unique pour un concours aérien. J'en avais moi-même fait le tour à distance respectueuse, de mon plein gré, en 1899, avant de rêver à l'organisation du concours pour le prix Deutsch. Pourtant, aucune de ces considérations n'a modifié l'autre fait selon lequel la nécessité de contourner la Tour Eiffel constituait un élément de danger unique à la tâche.

Ce que je craignais, c'était que, dans mon empressement à effectuer un virage rapide, par une erreur de pilotage ou par l'influence d'un vent latéral inattendu, je puisse me heurter à la Tour. L'impact ferait certainement éclater mon ballon, et je tomberais à terre comme une pierre. La plus grande prudence et la plus grande maîtrise de soi en faisant un grand virage ne pouvaient pas non plus me garantir contre le danger. Si mon moteur capricieux s'arrêtait à l'approche de la Tour, exactement comme il s'arrêtait après mon passage au-dessus des têtes des chronométreurs à Saint-Cloud, revenant de mon premier essai le 13 juillet 1903, je serais impuissant à retenir le dirigeable.

C'est pourquoi j'ai toujours redouté le tour de la Tour Eiffel, le considérant comme mon principal danger. Sans jamais chercher à monter haut dans mes dirigeables — au contraire, je détiens le record des basses altitudes en ballon libre —, en survolant Paris, je dois nécessairement m'éloigner des cheminées et des clochers. . La Tour Eiffel était mon seul danger, mais c'était mon poste gagnant !

Telles étaient mes craintes lorsque j'étais au sol ; en l'air, je n'avais pas le temps d'avoir peur. J'ai toujours gardé la tête froide. Seul dans le dirigeable, je suis toujours occupé, car il y a largement assez de travail pour un seul homme. Comme le capitaine d'un yacht, je ne dois pas lâcher un seul instant le gouvernail. Comme son ingénieur en chef, je dois surveiller le moteur. La rigidité de forme du ballon doit être préservée. Et à ce détail capital se rattache tout le problème complexe de l'altitude du dirigeable, de la manœuvre du câble de guidage et du déplacement des poids, de l'économie de lest et de la surveillance de la pompe à air fixée au moteur. En plus de toute cette occupation, il y a aussi la grande joie de commander des mouvements rapides. Les sensations agréables de navigation aérienne éprouvées dans mes premiers dirigeables se sont intensifiées dans le puissant « N° 5 ». Comme l'a si bien dit M. Jaurès, je me sentais désormais un homme dans les airs, commandant le mouvement. Dans mes ballons sphériques, je m'étais senti n'être que l'ombre d'un homme !

CHAPITRE XIV
LA CONSTRUCTION DE MON "N° 6"

Le soir même de ma chute sur le toit des hôtels du Trocadéro, je donnai les spécifications d'un « Santos-Dumont, n° 6 », et après vingt-deux jours de travail continu, il fut terminé et gonflé.

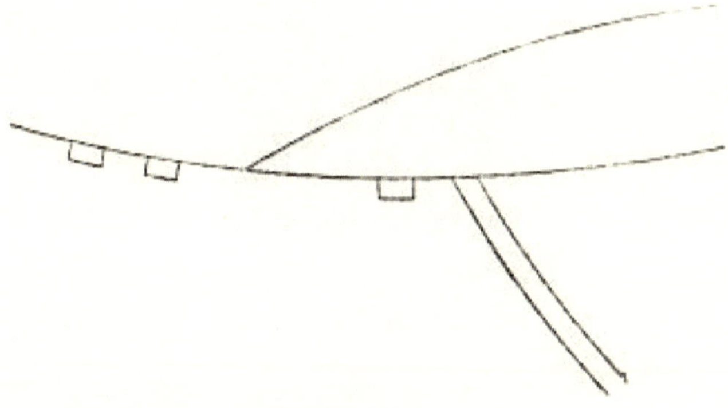

Figure 10

Le nouveau ballon avait la forme d'un ellipsoïde allongé (Fig. 10), de 33 mètres (110 pieds) par son grand axe et de 6 mètres (20 pieds) par son petit axe, terminé en avant et en arrière par des cônes.

"Numéro 6." PREMIER VOYAGE

J'accordais maintenant plus de soin que jamais aux dispositifs sur lesquels je dépendais pour maintenir la rigidité de la forme du ballon. J'étais tombé sur le toit des hôtels du Trocadéro à cause du mécanisme le plus petit et le plus insignifiant de tout le système : une valve affaiblie qui laissait échapper l'hydrogène du ballon. De la même manière, la chute du premier de mes dirigeables avait été provoquée par la panne d'une petite pompe à air.

Dans toutes mes constructions, à l'exception du ballon à gros ventre du "N° 3", j'avais beaucoup compté sur le ballon à air compensateur intérieur (Fig. 5, page 119) alimenté par une pompe à air ou un ventilateur rotatif. Cousu comme une poche plaquée fermée au fond intérieur du grand ballon, ce ballon à air compensateur resterait plat et vide tant que le grand ballon resterait distendu par son gaz. Ensuite, comme l'hydrogène pourrait être condensé de temps en temps par des changements d'altitude et de température, la pompe à air ou le ventilateur actionné par le moteur commencerait à remplir le ballon à air compensateur, lui faisant occuper plus de place à l'intérieur du grand ballon, et ainsi garder ce dernier se distendit.

À l'intérieur du ballon de mon "N° 6", j'ai maintenant cousu un tel ballon compensateur, capable de contenir 60 mètres cubes (2 118 pieds cubes). Le ventilateur qui devait l'alimenter faisait pratiquement partie du moteur lui-même. Tournant continuellement pendant que le moteur fonctionnait, il fournirait continuellement de l'air au ballon compensateur, que celui-ci soit capable ou non de le retenir. L'air qu'il ne pouvait pas retenir s'échappait par une valve relativement faible (« Air Valve », fig. 10) communiquant avec l'atmosphère extérieure par le bas du ballon à air, qui était également le bas du grand ballon extérieur.

Pour soulager le grand ballon de son hydrogène dilaté lorsque cela était nécessaire, je lui ai fourni deux des meilleures valves que j'ai pu fabriquer ("Gas Valves", fig. 10). Ceux-ci communiquaient également avec l'atmosphère extérieure. Imaginez maintenant qu'après une certaine condensation de mon hydrogène, le ballon de compensation intérieur se soit rempli en partie avec l'air du ventilateur et ait ainsi maintenu la forme du grand ballon rigide. Peu de temps après, par un changement de température ou d'altitude, l'hydrogène recommencerait à se dilater. Il faudrait que quelque chose cède, sinon le ballon éclaterait dans une « explosion froide ». Qu'est-ce qui devrait céder en premier ? De toute évidence, la valve d'air la plus faible (« Air Valve », fig. 10). En laissant échapper une partie ou la totalité de l'air du ballon intérieur, cela soulagerait la tension de l'hydrogène gonflé ; et ce n'est qu'ensuite que, si cela ne suffisait pas, les valves à gaz plus puissantes (fig. 10) laisseraient échapper le précieux hydrogène.

Les trois vannes étaient automatiques, s'ouvrant vers l'extérieur sous une pression donnée de l'intérieur. L'une des hypothèses expliquant le terrible accident du malheureux dirigeable "Pax" A du malheureux Severo concerne ce problème primordial des valves. Le « Pax », tel qu'il avait été construit à l'origine, en possédait deux. M. Severo, qui n'était pas un aéronaute expérimenté, en boucha un avec de la cire avant de commencer son premier et son dernier voyage. Etant donné la pression décroissante de l'atmosphère à mesure que l'on s'élève, la montée d'un dirigeable devrait toujours être lente et jamais grande, car le gaz se dilate en s'élevant de quelques mètres. C'est tout à fait différent du cas du ballon sphérique, qui n'a aucune pression intérieure à supporter. Un dirigeable dont l'enveloppe est distendue par une forte pression dépend de ses valves pour ne pas éclater. Avec une de ses valves bouchées avec de la cire, le "Pax" put jaillir de terre, et aussitôt ses occupants semblaient avoir perdu la tête. Au lieu de freiner leur ascension rapide, l'un d'eux lança du lest, dont une poignée enverra perceptiblement un gros ballon sphérique. Le mécanicien de Severo aurait été vu pour la dernière fois en train de jeter un sac entier dans son enthousiasme. La "Pax" montait de plus en plus haut, et l'expansion, l'explosion et la terrible chute se produisaient comme une chaîne de conséquences.

Le tonnage de mon nouveau ballon était de 630 mètres cubes (22 239 pieds cubes), offrant une puissance de levage absolue de 690 kilogrammes (1 518 livres), mais le poids accru du nouveau moteur et des nouvelles machines a néanmoins placé mon lest jetable à 110 kilogrammes. (242 livres). Il s'agissait d'un moteur quatre cylindres de 12 chevaux, refroidi automatiquement par la circulation de l'eau autour du sommet du piston (culasse). Même si le refroidisseur d'eau apportait un poids supplémentaire, j'étais heureux de l'avoir, car cet arrangement me permettrait d'utiliser, sans crainte de surchauffe ou de blocage *en cours de route* , toute la puissance du moteur, capable de communiquer à l'hélice une traction. effort de 66 kilogrammes (145 lb).

UN ACCIDENT DU "N°6"

Ma pratique quotidienne avec le nouveau dirigeable se termina le 6 septembre 1901 par un léger accident. Le ballon a été regonflé le 15 septembre, mais quatre jours plus tard, il s'est écrasé contre un arbre en effectuant un virage trop brusque. J'ai toujours pris ces accidents avec philosophie, les considérant comme une sorte d'assurance contre des accidents plus terribles. Si je devais donner un seul mot d'avertissement à tous les aérostiers dirigeables, ce serait : « Restez près de la terre ».

La place du dirigeable n'est pas en haute altitude, et il vaut mieux attraper à la cime des arbres, comme je faisais au bois de Boulogne, que de risquer les périls de la haute altitude sans le moindre avantage pratique. .

CHAPITRE XV
GAGNER LE PRIX DEUTSCH

Et maintenant, le 19 octobre 1901, le dirigeable « Santos-Dumont n° 6 », ayant été réparé avec une grande célérité, je tentai de nouveau le prix Deutsch et je le gagnai.

La veille, le temps avait été maussade. J'avais néanmoins envoyé les télégrammes nécessaires pour convoquer la Commission. Durant la nuit, le temps s'est amélioré, mais les conditions atmosphériques à 14 heures de l'après-midi, heure annoncée pour le procès, étaient néanmoins si défavorables que sur les vingt-cinq membres composant la Commission, cinq seulement se sont présentés : MM. Deutsch (de la Meurthe), de Dion, Fonvielle, Besançon et Aimé.

Le Bureau Central Météorologique, consulté à cette heure par téléphone, a signalé un vent de sud-est soufflant à 6 mètres par seconde à l'altitude de la Tour Eiffel. Quand je considère que j'étais content quand mon premier dirigeable en 1898 avait, de l'avis de moi et de mes amis, avancé à la vitesse de 7 mètres par seconde, je suis encore surpris des progrès réalisés au cours de ces trois années, car je J'allais maintenant gagner une course contre un temps limite, dans un vent soufflant presque aussi fort que la vitesse la plus élevée que j'avais atteinte dans mon premier dirigeable.

COMMISSION SCIENTIFIQUE DE L'AËRO CLUB LORS DU GAGNANT DU PRIX DEUTSCH

Le départ officiel a eu lieu à 14h42 . Malgré le vent qui me soufflait latéralement, avec une tendance à me porter à gauche de la Tour Eiffel, j'ai tenu ma route droit vers ce but. Peu à peu, j'ai poussé le dirigeable vers l'avant et vers le haut jusqu'à une hauteur d'environ 10 mètres au-dessus de son sommet. Ce faisant, j'ai perdu du temps, mais je me suis protégé autant que possible contre tout contact accidentel avec la Tour.

En passant devant la Tour, je tournai d'un mouvement brusque du gouvernail, amenant le dirigeable autour du paratonnerre de la Tour à une distance d'environ 50 mètres de celui-ci. La Tour a ainsi été tournée à 14h51 , la distance de 5½" kilomètres, *plus le virage* , se faisant en neuf minutes.

Le voyage retour fut plus long, étant dans les dents de ce même vent. De plus, pendant le trajet vers la Tour, le moteur avait plutôt bien fonctionné. Maintenant, après l'avoir laissé à environ 500 mètres derrière moi, le moteur était effectivement sur le point de s'arrêter. J'ai vécu un moment de grande incertitude. Je dois prendre une décision rapide. C'était abandonner un instant le volant, au risque de dévier de ma route, pour consacrer mon attention au levier de carburation et au levier de commande de l'étincelle électrique.

Le moteur, presque arrêté, se remit à fonctionner. J'étais maintenant arrivé au Bois, où, par un phénomène connu de tous les aéronautes, l'air frais des arbres commençait à alourdir de plus en plus mon ballon — ou en vraie physique, à le rétrécir par condensation. Par une malheureuse coïncidence, le moteur recommença à ralentir à ce moment-là. Ainsi le dirigeable descendait, tandis que sa force motrice diminuait.

Pour corriger la descente, j'ai dû rejeter à la fois la corde de guidage et les poids de déplacement. Cela a amené le dirigeable à pointer en diagonale vers le haut, de sorte que la force d'hélice restante l'a fait remonter continuellement dans les airs.

"Numéro 6." POUR LA TOUR EIFFEL ; ALTITUDE 1000 PIEDS

J'étais maintenant au-dessus de la foule de l'hippodrome d'Auteuil, déjà avec un coup aigu vers le haut. J'ai entendu les applaudissements de la foule nombreuse, quand soudain mon moteur capricieux s'est remis à tourner à plein régime. L'hélice soudainement accélérée, se trouvant presque sous le dirigeable très pointu, exagéra l'inclinaison, de sorte que les applaudissements de la foule se changeèrent en cris d'alarme. Quant à moi, je n'avais aucune crainte, étant au-dessus des arbres du Bois, dont la douce verdure, comme je l'ai déjà dit, me rassurait toujours.

Tout cela s'est produit très rapidement, avant que j'aie eu la chance de remettre mes poids et ma corde de guidage dans leurs positions horizontales normales. J'étais maintenant à une altitude de 150 mètres. Bien sûr, j'aurais pu vérifier le montage diagonal du dirigeable par le simple moyen de ralentir le moteur qui l'entraînait vers le haut ; mais je courais contre une limite de temps, alors j'ai continué.

Je me suis vite redressé en déplaçant la corde de guidage et les poids vers l'avant. Je mentionne cela en détail parce qu'à l'époque, beaucoup de mes amis imaginaient que quelque chose de terrible se passait. Je n'ai tout de même pas eu le temps de faire descendre le dirigeable avant d'atteindre les chronométreurs dans l'enceinte de l'Aéroclub, chose que j'aurais facilement pu faire en ralentissant le moteur. C'est pour cela que je suis passé si haut au-dessus de la tête des juges.

En me rendant à la Tour, je n'ai jamais regardé les toits de Paris : j'ai navigué dans une mer de blanc et d'azur, ne voyant que le but. Au retour, j'avais gardé les yeux fixés sur la verdure du bois de Boulogne et sur le fleuve argenté où je devais le traverser. Maintenant, à mon altitude de 150 mètres et l'hélice fonctionnant à pleine puissance, je passe au-dessus de Longchamps, traverse la Seine et continue à toute vitesse au-dessus des têtes de la Commission et des spectateurs rassemblés dans le parc de l'Aéro Club. À ce moment-là, il était trois heures onze minutes et trente secondes, ce qui faisait exactement vingt-neuf minutes et trente et une secondes.

Le dirigeable, porté par l'élan de sa grande vitesse, avançait comme un cheval de course passe le poteau de victoire, comme un voilier franchit la ligne de victoire, comme une automobile de course sur route continue de survoler les juges qui ont pris son temps. . Comme le jockey du cheval de course, je me suis alors retourné et je suis retourné à l'aérodrome pour faire attraper ma corde de guidage et la faire descendre à douze minutes quarante quatre cinquièmes secondes trente, soit trente minutes et quarante secondes du départ.

Je ne connaissais pas encore mon heure exacte.

J'ai crié : « Ai-je gagné ?

Et la foule des spectateurs m'a répondu : « Oui !

TOUR EIFFEL RONDE

* ****

Pendant un certain temps, certains ont soutenu que mon temps devait être calculé jusqu'au moment de mon deuxième retour à l'aérodrome plutôt qu'au moment où je l'ai survolé pour la première fois, en revenant de la Tour Eiffel. Pendant un certain temps, en effet, il m'a semblé qu'il serait peut-être plus difficile de me faire attribuer le prix que de le remporter. Mais en fin de compte, le bon sens a pris le dessus. L'argent du prix, s'élevant au total à 125.000 francs, je ne voulais pas le garder. Je l'ai donc divisé en parties inégales. La plus grosse somme, de 75 000 francs, je la remis au préfet de police de Paris pour l'utiliser en faveur des pauvres méritants. Le solde, je l'ai distribué à mes collaborateurs, qui étaient à mes côtés depuis si longtemps et au dévouement desquels j'étais heureux de rendre cet hommage.

Au même moment, j'ai reçu un autre grand prix, aussi gratifiant qu'inattendu. C'était une somme de 100 contos (125,000 francs), votée par le gouvernement de mon propre pays, et accompagnée d'une médaille d'or de grande taille et d'une grande beauté, dessinée, gravée et frappée au Brésil. Son avers montre mon humble personne dirigée par la Victoire et couronnée de laurier par une figure volante de renommée. Au-dessus d'un soleil levant est gravée la ligne de Camoëns, altérée d'un mot, telle que je l'ai adoptée pour flotter sur la longue banderole de mon dirigeable : « Por *ceos* nunca d'antes navegados ! [B] Le revers porte ces mots : "En tant que Président de la République des États-Unis du Brésil, le Docteur Manoel Ferraz de Campos Salles a donné ordre de graver et frapper cette médaille en hommage à Alberto Santos-Dumont. 19 octobre 1901."

TOUR EIFFEL ARRONDIE

CHAPITRE XVI
UN COUP D'OEIL EN ARRIÈRE ET EN AVANT

Tout comme je ne m'étais pas lancé dans la construction d'aéronefs dans le seul but de remporter le prix Deutsch, je n'avais désormais aucune raison d'arrêter d'expérimenter après l'avoir remporté. Lorsque j'ai construit et piloté mes premiers dirigeables, ni l'Aéro Club ni le prix Deutsch n'existaient encore. Les deux hommes, par leur ascension rapide et leur notoriété méritée, avaient soudainement posé le problème de la navigation aérienne au public – si soudainement, en fait, que je n'étais vraiment pas prêt à me lancer dans une telle course avec un temps limité. Naturellement désireux d'avoir l'honneur de remporter un tel concours, j'avais été contraint de me lancer rapidement dans de nouvelles constructions, au prix de dangers et de frais. Maintenant, je prendrais le temps de me perfectionner systématiquement en tant que navigateur aérien.

Supposons que vous achetiez un nouveau vélo ou une nouvelle automobile. Vous aurez entre les mains une machine parfaite sans avoir eu le travail, les tromperies, les faux départs et les recommencements de l'inventeur et du constructeur. Pourtant, avec tous ces avantages, vous découvrirez bientôt que posséder la machine perfectionnée ne signifie pas nécessairement que vous pourrez l'utiliser sur les autoroutes. Vous pourriez être si inexpérimenté que vous tomberez de vélo ou que vous ferez exploser votre automobile. La machine va bien, mais vous devez apprendre à la faire fonctionner.

Pour amener le vélo moderne à sa perfection, des milliers d'amateurs, d'inventeurs, d'ingénieurs et de constructeurs ont travaillé pendant plus de vingt-cinq ans, essayant des innovations sans fin, en rejetant une à une la grande majorité d'entre elles et, après des échecs sans fin par le biais de des demi-succès, se rapprochant lentement de l'organisme parfait.

Il en est ainsi aujourd'hui de l'automobile. Imaginez le travail uni et les sacrifices financiers des ingénieurs et des constructeurs qui ont conduit, étape par étape, aux automobiles de course sur route de la compétition Paris-Berlin en 1901, l'année où le seul ballon dirigeable en état de marche qui existait alors a remporté le Deutsch prix contre une limite de temps qui était considérée par beaucoup comme un obstacle complet au succès. Pourtant, sur les 170 automobiles perfectionnées inscrites pour participer à la compétition Paris-Berlin, seules 109 ont accompli la première journée de course, et parmi elles, seules 26 ont finalement atteint Berlin.

RETOUR SUR LE TERRAIN DE L'AËRO CLUB AU-DESSUS DE L'AQUEDUC

Sur 170 automobiles engagées pour la course, seules 26 ont atteint l'objectif. Et parmi ces 26 arrivants à Berlin, combien, selon vous, ont fait le voyage sans accident grave ? Peut-être aucun.

Il est tout à fait naturel qu'il en soit ainsi. Les gens n'y pensent pas. Tel est le développement naturel d'une grande invention. Mais si je tombe en panne en vol, je ne peux pas m'arrêter pour réparer : je dois continuer, et le monde entier le sait.

En repensant donc à mes progrès depuis l'époque où je me suis replié au-dessus du terrain de Bagatelle en 1898, j'ai été surpris de la rapidité avec laquelle j'avais laissé l'attention du monde et ma propre ardeur me pousser vers ce qui était en réalité une tâche arbitraire. Au péril de ma vie et au prix d'un sacrifice inutile de beaucoup d'argent, j'avais remporté le prix Deutsch. J'aurais pu arriver au même point de progrès par des étapes moins forcées et plus raisonnables. J'avais toujours été inventeur, mécène, fabricant, amateur, mécanicien et capitaine de dirigeable, tous unis ! Pourtant, on pense que chacune de ces qualités apporte suffisamment de travail et de crédit à l'individu dans le monde de l'automobile.

Avec tous ces soucis, je me suis souvent vu reprocher de choisir des jours calmes pour mes expériences. Mais qui, en expérimentant sur Paris — comme j'ai dû le faire pour le prix Deutsch — ajouterait à ses risques et dépenses naturels les ennuis d'on ne sait quelles poursuites pour avoir renversé les cheminées d'une grande capitale sur la tête d'un population de piétons ?

Une à une, j'ai essayé les compagnies d'assurance. Personne ne me paierait une somme pour les dégâts que je pourrais causer un jour de bourrasque. Personne ne me donnerait une prime sur mon propre dirigeable pour l'assurer contre la destruction.

Pour moi, il était désormais clair que ce dont j'avais le plus besoin était une pratique pure et simple de la navigation. J'avais augmenté la vitesse de mes dirigeables, c'est-à-dire que j'avais construit au détriment de mon éducation de capitaine de dirigeable.

Le capitaine d'un bateau à vapeur n'obtient son brevet qu'après des années d'études et d'expérience de navigation dans des capacités inférieures. Même le "chauffeur" de la voie publique doit réussir son examen avant que les autorités ne lui remettent ses papiers.

**MÉDAILLE DÉCERNÉE PAR LE GOUVERNEMENT
BRÉSILIEN**

Dans les airs, où tout est nouveau, la navigation de routine d'un ballon dirigeable, qui nécessite pour fondement les expériences conjointes de l'aérostier et du « chauffeur » d'automobile, exige du sang-froid, de l'ingéniosité, de la rapidité de raisonnement et de la gentillesse du capitaine solitaire. d'instinct qui vient avec une longue habitude.

Poussé par ces considérations, mon grand objectif, à l'automne 1901, fut de trouver un endroit favorable pour pratiquer la navigation aérienne.

Mon dirigeable le plus rapide et le meilleur, le « Santos-Dumont n° 6 », était en parfait état. Le lendemain de la victoire du prix Deutsch, mon chef mécanicien m'a demandé s'il devait le resserrer avec de l'hydrogène. Je lui ai dit oui. Puis, cherchant à y introduire un peu plus d'hydrogène, il découvrit quelque chose de curieux. Le ballon n'en prendrait plus ! Il n'avait pas perdu une seule unité cubique d'hydrogène !

L'obtention du prix Deutsch n'avait coûté que quelques litres de pétrole !

À l'approche de l'hiver parisien caractérisé par des vents mordants, des pluies froides et un ciel maussade, j'ai reçu une information selon laquelle le prince de Monaco, lui-même un homme de science célèbre pour ses recherches personnelles, serait heureux de construire une maison en ballon directement sur la plage. de La Condamine, d'où je pourrais m'élancer sur la Méditerranée et ainsi continuer ma pratique aérienne tout l'hiver.

La situation s'annonçait idéale. La petite baie de Monaco, abritée en arrière du vent et du froid par les montagnes, et du vent et de la mer de part et d'autre par les hauteurs de Monte-Carlo et de la ville de Monaco, constituerait un terrain de manœuvre bien protégé.

Le dirigeable serait toujours prêt, rempli d'hydrogène gazeux. Il pouvait s'échapper du ballon pour profiter du beau temps, et revenir se mettre à l'abri à l'approche des grains. La maison des ballons serait érigée au bord du rivage, et toute la Méditerranée s'étendrait devant moi pour que je puisse le guider.

"N° 9." MONTRANT LE CAPITAINE QUITTER LE PANIER POUR LE MOTEUR

CHAPITRE XVII
MONACO ET LA CORDE DE GUIDAGE MARITIME

Lorsque j'arrivai à Monte-Carlo, à la fin du mois de janvier 1902, la maison des ballons du prince de Monaco était déjà pratiquement achevée grâce aux suggestions que j'avais faites.

Le nouvel aérodrome s'élève sur le boulevard de la Condamine, juste en face des voies du tramway électrique de la digue. C'était une immense coquille vide de bois et de toile sur un solide squelette de fer de 55 mètres (180 pieds) de long, 10 mètres (33 pieds) de large et 15 mètres (50 pieds) de haut. Il fallait qu'il soit solidement construit pour ne pas risquer le sort de l'aérodrome tout en bois de la Station maritime française de montgolfières de Toulon, deux fois détruit et une fois presque emporté, tel un véritable ballon de bois, par les tempêtes.

Malgré la forme risquée et la construction curieuse de l'aérodrome, ses caractéristiques sensationnelles étaient ses portes. Les touristes se disaient (à juste titre) que des portes aussi grandes n'avaient jamais existé dans les temps anciens ni modernes. Ils avaient été amenés à coulisser pour s'ouvrir et se fermer, en haut sur des roues suspendues à une construction en fer qui s'étendait de chaque côté de la façade, et en bas sur des roues qui roulaient sur un rail. Chaque porte mesurait 15 mètres (50 pieds) de haut sur 5 mètres (16½" pieds) de large et pesait chacune 4 400 kilogrammes (9 680 livres). Pourtant leur équilibre était si bien calculé que le jour de l'inauguration de l'aérodrome, ces géants les portes furent ouvertes par deux petits garçons de huit et dix ans respectivement, les jeunes princes Ruspoli, petits-fils du duc de Dino, mon hôte à Monte-Carlo.

Même si la nouvelle situation m'attirait par la promesse d'une pratique hivernale pratique et protégée, la perspective de faire un peu de navigation outre-mer avec mon dirigeable était encore plus séduisante. Même pour l'aérostier, le problème d'outre-mer présente de grandes tentations, à propos desquelles un expert de la Marine nationale a déclaré :

"Le ballon peut rendre d'immenses services à la marine, *à condition que sa direction puisse être assurée* .

"Flottant au-dessus de la mer, il peut être à la fois éclaireur et auxiliaire offensif d'un caractère si délicat que le service général de la marine ne s'est pas encore permis de se prononcer sur la question. Nous ne pouvons cependant plus nous le cacher, l'heure approche où les ballons, devenus désormais des engins militaires, acquerront, du point de vue des résultats des batailles, une influence grande et peut-être décisive dans la guerre.

DANS LA BAIE DE MONACO

Quant à moi, je n'ai jamais caché que, selon moi, la première utilisation pratique du dirigeable se trouverait dans la guerre, et le clairvoyant Henri Rochefort, qui avait l'habitude de venir à l'aérodrome de son hôtel de La Turbie, écrivit un éditorial des plus significatifs en ce sens après que je lui eus exposé les calculs de vitesse de mon « N° 7 », alors en construction.

« Le jour où il sera établi qu'un homme puisse faire voyager son dirigeable dans une direction donnée et le manœuvrer à volonté pendant les quatre heures que demande le jeune Santos pour aller de Monaco à Calvi, écrit Henri Rochefort, il y aura Il ne restera aux nations qu'à jeter les armes.

"Je m'étonne que l'importance capitale de cette matière n'ait pas encore été saisie par tous les professionnels de l'aérostation. Monter dans un ballon qu'on n'a pas construit, et qu'on n'est pas en état de guider, constitue la plus simple des performances. . Un petit chat l'a fait aux Folies-Bergère."

Or, en service de guerre par voie terrestre, l'aéronef devra sans doute souvent monter à des hauteurs considérables pour éviter les tirs de fusils de l'ennemi, mais, en tant qu'auxiliaire maritime décrit par l'expert de la marine française, son *rôle d'éclaireur* sera pour le la majeure partie s'effectue au bout de son câble de guidage, relativement proche des vagues, et pourtant suffisamment haut pour offrir une vue large. Ce n'est que lorsque, pour des raisons faciles à imaginer, on souhaite monter en hauteur pendant un court moment, qu'il cessera le contact commode de son câble de guidage avec la surface de la mer.

Pour ces considérations, et particulièrement la dernière, j'avais hâte de faire de nombreux voyages en cordage sur la Méditerranée. Si l'expérience maritime est si prometteuse pour les ballons sphériques, elle l'est doublement pour le dirigeable, qui, de par la nature de sa construction, transporte relativement peu de lest. Ce lest ne devrait pas être sacrifié aujourd'hui, comme c'est le cas pour l'aérostier sphérique, pour remédier à la moindre aberration verticale. Son objectif est d'être utilisé en cas de grandes urgences. Le navigateur aérien ne devrait pas non plus, surtout s'il est seul, être obligé de rectifier continuellement son altitude au moyen de son hélice et de ses poids mobiles. Il devrait être libre de diriger son dirigeable ; s'il est penché sur le plaisir, il peut profiter avec aisance et loisir de son vol ; s'il est en service de guerre, avec facilité pour ses observations et manœuvres hostiles. C'est pourquoi toute garantie *automatique* de stabilité verticale lui est particulièrement bienvenue.

Vous savez déjà ce qu'est la corde de guidage. Je l'ai décrit lors de ma première expérience de ballon sphérique. Par voie terrestre, où il y a des plaines ou des routes ou même des rues, où il n'y a pas trop d'arbres, de bâtiments, de clôtures, de poteaux et de fils télégraphiques et de chariots et d'irrégularités similaires, le câble de guidage est une aide aussi précieuse pour le dirigeable que au ballon sphérique. En fait, je l'ai fait davantage, car pour moi, c'est l'élément central de mes poids mobiles (Figs. 8 et 9 , page 148).

Sur les étendues ininterrompues de la mer, mon premier vol à Monaco s'est révélé être un véritable *stabilisateur* . Sa très légère résistance à l'entraînement dans l'eau est sans commune mesure avec le poids considérable de son extrémité flottante. Ainsi, selon sa plus ou moins grande immersion, il leste ou déleste le dirigeable (fig. 11). Le ballon est maintenu par le poids de la corde de guidage jusqu'à un niveau fixe au-dessus des vagues sans risque d'être entraîné en contact avec elles. Au moment même où le dirigeable descend un peu plus près d'eux, il est soulagé d'autant de poids, et doit naturellement remonter par cette quantité de délestage momentané. De cette manière se produit un petit tiraillement incessant vers et hors des vagues, infiniment doux, un lestage et un délestage automatiques du dirigeable sans perte de lest.

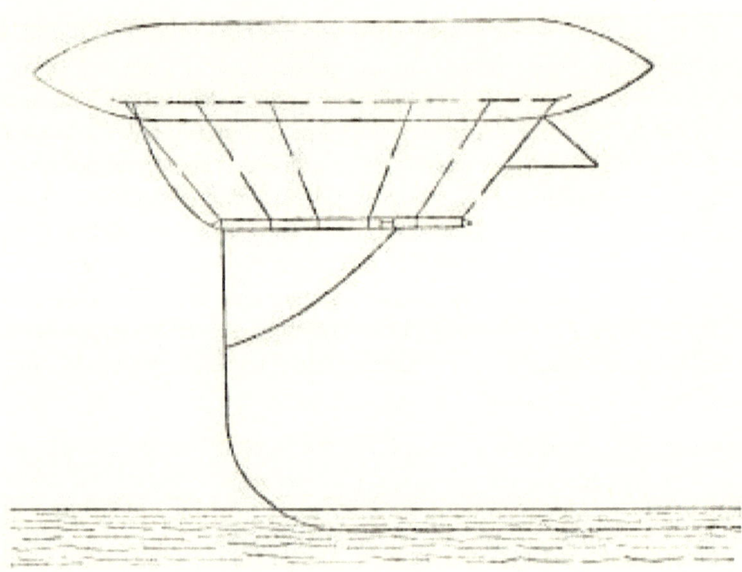

Figure 11

Mon premier vol au-dessus de la Méditerranée, effectué le matin du 29 janvier 1902, s'est malheureusement révélé bien plus que cela. Il a été constaté qu'une erreur de calcul avait été commise concernant l'emplacement de l'aérodrome lui-même. Dans la navigation aérienne, où tout est nouveau, de telles surprises se présentent à chaque instant à l'expérimentateur. Il faut s'en souvenir lorsqu'on tient compte des progrès. Lors de la course automobile Paris-Madrid de 1903, quelles précautions minutieuses n'ont pas été prises pour protéger les concurrents contre les périls des virages rapides et des passages à niveau ? Et pourtant, à quel point ces mesures ne se sont-elles pas révélées insuffisantes.

Alors que le dirigeable était sorti de sa maison pour son premier vol le matin du 29 janvier 1902, les spectateurs purent constater qu'il n'existait rien d'équivalent aux embarcadères que les dirigeables du futur auraient dû construire pour eux. devant le bâtiment. Le dirigeable, chargé de lest jusqu'à devenir un peu plus lourd que l'atmosphère environnante, a dû être remorqué, ou aidé, hors de l'aérodrome et à travers le boulevard de la Condamine avant de pouvoir être lancé dans les airs au-dessus de la digue. .

Maintenant, cette digue s'est avérée être un obstacle dangereux. Depuis le trottoir, elle n'arrivait qu'à la taille, mais de l'autre côté, les vagues roulaient sur des galets quatre à cinq mètres plus bas.

Le dirigeable devait être soulevé au-dessus de la digue au-dessus de la taille ; aussi, pour ne pas risquer d'abîmer les bras de son hélice, et à moitié terminé, il n'y avait personne pour le soutenir de l'autre côté. Sa tige pointait obliquement vers le bas, tandis que sa poupe menaçait de s'écraser contre le mur. Se bagarrant parmi les galets en contrebas, côté mer, une demi-douzaine d'ouvriers tendaient les bras levés vers la quille descendante tandis qu'elle était descendue et poussée vers eux par les ouvriers qui en avaient la charge sur le boulevard devant le mur. , et ils ne purent enfin l'attraper et le redresser qu'à temps pour m'empêcher d'être précipité hors du panier.

DE LA MAISON DES BALLONS DE LA CONDAMINE À MONACO, FÉVR. 12, 1902

C'est pourquoi mon retour à l'aérodrome après ce premier vol fut l'occasion d'un véritable triomphe, car la foule prit aussitôt conscience des périls de la situation et prévoyait des difficultés pour moi lorsque je tenterais de rentrer dans la maison des ballons. Cependant, comme il n'y avait pas de vent et que je dirigeais hardiment, je pus faire une entrée sensationnelle sans dommage — et sans aide. Droit comme une fléchette, le dirigeable se dirigea vers la maison des ballons. La police du prince avait difficilement dégagé le boulevard entre la digue et les portes grandes ouvertes. Des assistants et des figurants m'attendaient penchés par-dessus le mur, les bras tendus ; en bas, sur la plage, il y en avait d'autres, mais cette fois je n'en avais pas besoin. J'ai ralenti la vitesse de l'hélice en arrivant vers eux. Alors que j'étais à mi-chemin de la digue, bien au-dessus d'eux tous, j'ai arrêté le moteur. Emporté par l'élan mourant, le dirigeable glissa au-dessus de leurs têtes vers la porte ouverte. Ils avaient saisi ma corde de guidage pour m'entraîner vers le bas, mais comme j'avançais en diagonale, ce n'était pas nécessaire. Maintenant, ils marchaient à côté du dirigeable dans la maison des ballons, pendant que son entraîneur ou les garçons d'écurie saisissaient la bride de leur cheval de course après le cours et le ramenaient avec honneur à l'écurie avec son jockey en selle.

Il était néanmoins admis que je ne devais pas être obligé de barrer si près au retour de mes vols - pour entrer dans l'aérodrome comme une aiguille s'enfile d'une main ferme - car un coup de vent latéral pourrait me surprendre au moment critique. et me heurte contre un arbre ou un lampadaire, ou un poteau télégraphique ou téléphonique, sans parler des bâtiments aux angles vifs de chaque côté de l'aérodrome. Lorsque je suis reparti pour un court tour le même après-midi du 29 janvier 1902, l'obstruction de la digue n'est que trop évidente. Le prince proposa de démolir le mur.

"Je ne vous demanderai pas autant de choses", dis-je. "Il suffira de construire un embarcadère côté mer du mur, au niveau du boulevard."

Cela fut fait après douze jours de travaux, interrompus par des pluies persistantes, et le dirigeable, lorsqu'il partit pour son troisième vol, le 10 février 1902, dut simplement être soulevé de quelques pieds par des hommes de chaque côté du mur. Ils le tirèrent doucement jusqu'à ce que toute sa longueur flottait en équilibre au-dessus de la nouvelle plate-forme qui s'étendait si loin dans les vagues que ses piles les plus éloignées se trouvaient toujours dans six pieds d'eau.

Debout sur cette plate-forme, ils stabilisèrent le dirigeable tandis que son moteur était en marche, tandis que je laissais échapper l'excédent de ballast d'eau et déplaçais ma corde de guidage de manière à pointer pour un entraînement oblique vers le haut. Le moteur se mit à cracher et à gronder. L'hélice commença à tourner.

"Lâchez prise !" J'ai pleuré, pour la troisième fois à Monaco.

Le dirigeable glissa légèrement le long de sa trajectoire oblique, vers l'avant et vers le haut. Puis, alors que l'hélice prenait de la force, une puissante poussée m'a fait voler au-dessus de la baie. J'ai de nouveau avancé la corde de guidage pour effectuer un parcours de niveau. Et le dirigeable s'élança vers la mer, son fanion écarlate flottant des lettres symboliques comme sur une traînée de flammes. C'étaient les lettres initiales du premier vers de la « Lusiade » de Camoëns, le poète épique de ma race :

Por juments nunca d'antes navegados!
(O'er mers jusqu'ici non naviguées.)

CHAPITRE XVIII
VOLS PAR VENTS MÉDITERRANÉENS

Lors de mes deux expériences précédentes, je m'étais tenu à peu près dans les limites protégées du vent de la baie de Monaco, dont la vaste étendue offrait amplement d'espace à la fois pour le guidage au cordage et pour l'entraînement au pilotage. Par ailleurs, une centaine d'amis et des milliers de spectateurs amicaux l'entouraient depuis les terrasses de Monte-Carlo jusqu'au bord de la Condamine et de l'autre côté jusqu'aux hauteurs du Vieux Monaco. Alors que je tournais sans cesse autour de la baie, montais obliquement et piquais, cherchais une route droite, puis m'arrêtais brusquement pour faire demi-tour et recommencer, leurs applaudissements me parvinrent agréablement. Maintenant, lors de mon troisième vol, je mets le cap vers le large.

Au large de la Méditerranée, j'ai filé. La corde de guidage me maintenait à une altitude constante d'environ 50 mètres au-dessus des vagues, comme si, d'une manière mystérieuse, son extrémité inférieure y était attachée.

De cette façon, automatiquement assuré de mon altitude, j'ai trouvé le travail de navigation aérienne devenu merveilleusement facile. Il n'y avait pas de lest à jeter, pas de gaz à évacuer, pas de déplacement des poids sauf lorsque je désirais expressément monter ou descendre. Ainsi, la main sur le gouvernail et l'œil fixé sur la pointe lointaine du Cap Martin, je m'abandonnai au plaisir de ce voyage au-dessus des flots.

Ici, dans ces solitudes azurées, il n'y avait pas de cheminées de Paris, pas de coins de toit cruels et menaçants, pas de cimes d'arbres du bois de Boulogne. Mon hélice montrait sa puissance et j'étais libre de la lâcher. Il me suffisait de maintenir ma route droite face à la brise et de regarder passer au loin la côte méditerranéenne.

J'avais beaucoup de temps libre pour regarder. À ce moment-là, j'ai rencontré deux voiliers qui couraient vers moi le long de la côte. J'ai remarqué que leurs voiles étaient pleines. Tandis que je survolais eux et qu'ils étaient au-dessous de moi, j'entendis une légère acclamation et une silhouette féminine gracieuse sur le yacht le plus en avant agitait un foulard rouge. Alors que je me retournais pour répondre à la politesse, je m'aperçus avec un certain étonnement que nous étions déjà très éloignés.

J'étais maintenant bien en haut de la côte, à peu près à mi-chemin du Cap Martin. Au-dessus se trouvait le vide bleu sans limites. En contrebas se trouvait la solitude des vagues aux têtes blanches. À l'apparition des voiliers ici et là, je pouvais dire que le vent devenait une bourrasque et que je devrais faire demi-tour avant de pouvoir revenir dessus lors de mon voyage de retour.

En portant ma barre, j'ai tenu le gouvernail fermement. Le dirigeable tournait comme un bateau ; puis, comme le vent m'envoyait voler le long de la côte, mon seul travail consistait à maintenir le cap constant. En à peine plus de temps qu'il n'en faut pour l'écrire, je me retrouvais face à la baie de Monaco.

D'un brusque tour de gouvernail, j'entrai dans le port protégé et, au milieu de mille acclamations, j'arrêtai l'hélice, tirai le poids qui se déplaçait vers l'avant et laissai l'élan mourant du dirigeable le porter en diagonale jusqu'à l'embarcadère. Cette fois, il n'y a eu aucun problème. Sur le large débarcadère se tenaient mes propres hommes, assistés de ceux mis à ma disposition par le prince. Le dirigeable fut saisi alors qu'il glissait lentement vers eux et, sans réellement s'arrêter, il fut « conduit » au-dessus de la digue, à travers le boulevard de la Condamine et dans l'aérodrome. Le trajet avait duré moins d'une heure et j'étais à quelques centaines de mètres du Cap Martin.

Il s'agissait là d'un voyage évident, d'abord contre, puis avec un vent fort, et les curieux pourront s'en rendre compte en jetant un coup d'œil aux deux photographies marquées "Vent A" et "Vent B". Comme elles ont été prises par un professionnel de Monte-Carlo dans le seul but d'obtenir de bonnes photos, elles sont impartiales.

"Vent A" me montre quitter la baie de Monaco contre un vent qui refoule la fumée des deux paquebots aperçus à l'horizon.

"Wind B" a repris la côte juste avant que je rencontre les deux petits voiliers qui se précipitent visiblement vers moi.

La solitude dans laquelle je me trouvais au milieu de ce premier long vol vers les rives de la Méditerranée ne faisait pas partie du programme. Durant la fabrication de l'hydrogène gazeux et le remplissage du ballon, j'avais reçu la visite d'un grand nombre de personnalités, dont plusieurs témoignaient de leur capacité et de leur volonté d'apporter une aide précieuse à ces expériences. De Beaulieu, où était au mouillage son yacht à vapeur *Lysistrata*, arrivait M. *James Gordon Bennett, et M. Eugene Higgins avait déjà amené le Varuna* de Nice à plus d'une occasion. Le beau petit yacht à vapeur de M. Eiffel se tenait également prêt.

L'intention de ces propriétaires, comme celle du prince et de sa *princesse Alice*, était de suivre le dirigeable dans ses vols au-dessus de la Méditerranée, afin d'être sur place en cas d'accident. Ce premier vol, cependant, avait été entrepris de manière impulsive, avant qu'un programme pour les yachts ait été établi, et mon long vol suivant, comme on le verra, démontra que ce genre de protection ne devait pas être trop compté sur les capitaines d'aéronefs.

C'était le 12 février 1902. Une chaloupe à vapeur et deux vedettes pétrolières, toutes trois rapides, ainsi que trois chaloupes bien équipées, étaient stationnées à intervalles réguliers le long de la côte pour me récupérer en cas d'accident. . La *chaloupe à vapeur* du Prince de Monaco, transportant Son Altesse le Gouverneur Général et le capitaine de la *Princesse Alice* , avait déjà pris le départ en avance. L'automobile Mors de 40 chevaux de M. Clarence Gray Dinsmore et la Panhard de 30 chevaux de M. Isidore Kahenstein étaient prêtes à suivre la route côtière inférieure.

"VENT A"

"VENT B"

Aussitôt en quittant la baie de Monaco, je rencontrai le vent de plein fouet et me dirigeai tout droit vers la côte en direction de la frontière italienne. Prenant toute ma vitesse, j'ai tenu fermement le gouvernail et je me suis laissé aller. Je pouvais voir les contours irréguliers de la côte passer devant moi sur la gauche. Le long de la route sinueuse, les deux automobiles de course me suivaient à grande vitesse.

"C'était tout ce que nous pouvions faire pour suivre le dirigeable le long des courbes de la route côtière", a déclaré l'un des passagers de M. Dinsmore au journaliste d'un journal parisien, "tellement son vol était rapide. En moins de cinq minutes, il avait arrivé en face de la Villa Camille Blanc, qui se trouve à environ un kilomètre du Cap Martin à vol d'oiseau.

" A ce moment le dirigeable était absolument seul. Entre lui et le Cap Martin j'apercevais une seule chaloupe, tandis que loin derrière on voyait la fumée de la *chaloupe du prince* . Ce n'était vraiment pas un spectacle banal de voir le dirigeable ainsi planant isolé au-dessus de la mer immense.

Le vent, au lieu de faiblir, avait augmenté. Ici et là, à l'horizon, je pouvais voir les voiles blanches courbées des yachts qui le précédaient. La situation était nouvelle pour moi, alors j'ai fait un virage brusque et j'ai repris la dernière ligne droite.

Maintenant, le vent était de nouveau avec moi, plus fort que lors du vol précédent sur la côte. Cependant le pilotage était facile, et je remarquai avec plaisir que, suivant le vent, le tangage ou *le tangage* du dirigeable était bien moindre. Bien que j'allais vite avec mon hélice, et aidé par le vent derrière moi, je ne sentais plus de mouvement, voire même moins, qu'auparavant.

Au reste, comme mes sensations étaient différentes de celles de l'aérostier ! Il est vrai qu'il voit la terre reculer sous lui à une vitesse fulgurante. Mais il sait qu'il est impuissant. La grande sphère de gaz au-dessus de lui est le jouet du courant d'air, et il ne peut pas changer de direction d'un cheveu. Dans mon dirigeable, je me voyais voler au-dessus de la mer, mais j'avais les mains sur un gouvernail qui me rendait maître de ma direction dans ce parcours magnifique. Une ou deux fois, simplement pour m'en rendre compte, j'ai poussé le gouvernail sur un court arc de cercle. Obéissant, l'étrave du dirigeable a basculé de l'autre côté et je me suis retrouvé à accélérer dans une nouvelle trajectoire diagonale. Mais ces manœuvres ne duraient que quelques instants chacune, et chaque fois je revenais en ligne droite jusqu'à l'entrée de la baie de Monaco, car je revenais comme un aigle et je devais garder mon cap.

Pour ceux qui regardaient mon retour, depuis les terrasses de Monte-Carlo et de la ville de Monaco, comme ils me l'ont raconté plus tard, le dirigeable grossissait à chaque instant, comme un véritable aigle qui se précipitait sur eux. Alors que le vent soufflait vers eux, ils pouvaient entendre le grondement sourd et crépitant de mon moteur à une longue distance. Faiblement, maintenant, leurs propres cris d'encouragement me parvenaient. Presque instantanément, les cris devinrent forts. Autour de la baie, mille mouchoirs flottaient. Je tournai brusquement la barre et le dirigeable sauta dans la baie, au milieu des acclamations et des ondulations, au moment même où de grosses gouttes de pluie commençaient à tomber. [C]

J'avais d'abord ralenti puis arrêté le moteur. Tandis que le dirigeable s'approchait doucement de l'embarcadère, porté par son élan mourant, je donnai le signal habituel à ceux qui se trouvaient dans les canots de saisir mon cordage de guidage. La *chaloupe à vapeur* du prince, qui avait fait demi-tour à mi-chemin entre Monte-Carlo et le Cap Martin après que je l'avais rattrapée et dépassée lors de mon voyage, avait atteint la baie à ce moment-là. Le prince, qui était encore à bord, voulut attraper le cordage guide ; et ceux qui étaient avec lui, n'ayant aucune idée de son poids et de la force avec laquelle le dirigeable le traîne sur l'eau, ne cherchèrent pas à l'en dissuader. Au lieu d'attraper le lourd cordage flottant au moment où la *chaloupe* s'élançait devant lui, Son Altesse réussit à en être frappé au bras droit, accident qui le projeta assez au fond du petit navire et provoqua de graves contusions.

Une deuxième tentative pour attraper le câble de guidage fut plus réussie et le dirigeable fut facilement attiré vers la digue, au-dessus de celle-ci et dans sa maison. Comme tout dans cette nouvelle navigation, la manœuvre particulière était nouvelle. J'allais toujours plus vite que je n'en avais l'air, et de telles tentatives pour attraper et arrêter un dirigeable même sur son élan mourant sont susceptibles de contrarier quelqu'un. La seule façon d'éviter un choc trop brutal est de faire tourner la machine et de la ralentir doucement.

CHAPITRE XIX
VITESSE

La vitesse de mon "N° 6" sur ces vols méditerranéens n'a pas été publiée à l'époque car je n'avais pas cherché à la calculer de près. A peine sorti du délai inquiétant du concours du prix Deutsch, je m'amusais franchement avec mon dirigeable, faisant des observations d'une grande valeur pour moi, mais ne cherchant rien à prouver à personne.

Le problème de la vitesse est sans aucun doute le premier de tous les problèmes des dirigeables. La vitesse doit toujours être l'épreuve finale entre les dirigeables rivaux, et jusqu'à ce qu'une vitesse élevée soit atteinte, certains autres problèmes de navigation aérienne doivent rester en partie non résolus. Prenons par exemple celui du tangage du dirigeable (*tangage*). Je pense qu'il est fort probable que l'on trouvera un point critique de vitesse au-delà duquel, de chaque côté, le tangage sera pratiquement *nul*. Lorsque j'avance lentement ou à vitesse modérée, je n'ai éprouvé aucun tangage qui, dans un dirigeable comme mon "N° 6", semble toujours commencer à une vitesse de 25 à 30 kilomètres (15 à 18 milles) par heure dans les airs. Maintenant, probablement, lorsque l'on dépasse considérablement cette vitesse - disons à raison de 50 kilomètres (30 miles) par heure - tout *tangage* ou tangage cessera à nouveau, comme j'en ai moi-même fait l'expérience en rentrant chez moi avec le vent au cours du dernier voyage. décrit.

La vitesse doit toujours être le test final entre dirigeables rivaux, car, à elle seule, la vitesse résume toutes les autres qualités d'un dirigeable, y compris la « stabilité ». Mais à Monaco, je n'avais aucun rival avec qui rivaliser. De plus, mon activité principale d'étude et d'amusement était le magnifique travail du câble de guidage maritime ; et cette corde de guidage, traînant dans l'eau, devait nécessairement ralentir quelle que soit la vitesse que je prenais. Il ne pouvait y avoir aucune aide pour cela. Tel était le prix que je devais payer pour l'équilibre automatique et la stabilité verticale, en un mot pour une navigation aisée, tant que je restais le seul et solitaire navigateur du dirigeable.

Il n'est pas non plus facile de calculer la vitesse d'un dirigeable. Lors de ces vols le long de la côte méditerranéenne, la vitesse de mon retour à Monaco, merveilleusement aidé par le vent, n'avait aucun rapport avec la vitesse du départ, retardée par le vent, et rien ne prouvait que la force du vent qui s'en allait et venir était constant. Il est vrai que, lors de ces vols, l'une des difficultés qui s'opposaient à de tels calculs de vitesse — le « tir sur les *montagnes Russes* » d'altitude toujours variable — était supprimée par le fonctionnement du câble de guidage maritime ; mais, d'un autre côté, comme nous l'avons dit, l'entraînement du poids du câble guide dans l'eau agissait comme un frein très efficace. À mesure que la vitesse du dirigeable augmente, cette action de freinage du câble de guidage (comme celle de la résistance de l'atmosphère elle-même) augmente, non pas proportionnellement à la vitesse, mais proportionnellement au carré de celle-ci.

Lors de ces vols le long de la côte méditerranéenne, la facilité de navigation que m'offrait le câble de guidage maritime était achetée, autant que je pouvais le calculer, par le sacrifice d'environ 7 ou 8 kilomètres (4 ou 5 milles) par heure de vitesse ; mais avec ou sans câble de guidage maritime, le calcul de la vitesse présente ses propres difficultés presque insurmontables.

De Monte Carlo au Cap Martin à 10 heures d'un matin donné peut être un voyage tout à fait différent de Monte Carlo au Cap Martin à midi le même jour ; tandis que du Cap Martin à Monte-Carlo, sauf dans un calme parfait, ce doit toujours être une proposition encore différente. Aucun calcul précis ne peut non plus être basé sur les indications de l'anémomètre, un instrument que j'avais néanmoins sur moi. Par simple curiosité, j'ai noté ses lectures à plusieurs reprises lors de mon voyage du 12 février 1902. Il semblait marquer entre 32 et 37 kilomètres par heure ; mais le vent, compliqué de rafales latérales, agissant à la fois sur le dirigeable et sur les ailes de l'éolienne anémométrique, c'est- *à-dire* sur deux systèmes mobiles dont l'inertie ne peut être comparée, suffirait à lui seul à fausser le résultat.

Lorsque je déclare donc que, selon mon meilleur jugement, la vitesse moyenne de ma vitesse dans les airs sur ces vols était comprise entre 30 et 35 kilomètres (18 et 22 miles) par heure, on comprendra qu'il s'agit de la vitesse dans les airs. l'air, que l'air soit immobile ou en mouvement, et à une vitesse ralentie par la traînée du câble de guidage maritime. En mettant cette influence négative au chiffre modéré de 7 kilomètres (4½" miles) par heure, ma vitesse dans l'air immobile ou en mouvement serait comprise entre 37 et 42 kilomètres (22 et 27 miles) par heure.

Plutôt que de passer du temps à faire des calculs illusoires sur papier, j'ai toujours préféré continuer à améliorer matériellement mes dirigeables. Plus tard, lorsqu'ils entreront en compétition avec des rivaux que personne n'attend plus ardemment que moi, tous les calculs de vitesse faits sur papier et toutes les disputes fondées sur eux doivent nécessairement céder à l'unique épreuve sublime des courses de dirigeables.

Là où les calculs de vitesse ont leur véritable importance, c'est dans la mesure où ils fournissent *les données nécessaires* à la construction de nouveaux dirigeables plus puissants. Ainsi le ballon de mon "N° 7" de course, dont la force motrice dépend de deux hélices de 5 mètres chacune de diamètre, et actionnées par un moteur de 60 chevaux avec refroidisseur d'eau, a son enveloppe composée de deux couches de la soie française la plus résistante, quatre fois vernies, capables de supporter, sous test dynamométrique, une traction de 3000 kilogrammes (6600 livres) par mètre linéaire (3,3 pieds). Je vais maintenant essayer d'expliquer pourquoi l'enveloppe du ballon doit l'être. être rendu d'autant plus fort que la vitesse du dirigeable est conçue pour être augmentée ; et ce faisant, je devrai révéler le danger unique et paradoxal qui assaille les dirigeables à grande vitesse, les menaçant, sans leur cogner la tête. contre l'atmosphère extérieure, mais en soufflant leur queue derrière eux.

Quoique la pression intérieure dans les ballons de mes dirigeables soit très considérable, comme le font les ballons, le ballon sphérique, ayant un trou dans son fond, n'est pas soumis à une telle pression : elle est si peu en comparaison de la pression générale de l'atmosphère. , que nous le mesurons non pas par des « atmosphères », mais par des centimètres ou des millimètres de pression de l'eau, *c'est-à-dire* la pression qui enverra une colonne d'eau sur cette distance dans un tube. Une « atmosphère » signifie un kilogramme de pression par centimètre carré (15 livres par pouce carré), et cela équivaut à environ 10 mètres de pression d'eau, ou, plus commodément, 1 000 centimètres d'« eau ». Maintenant, en supposant que la pression intérieure dans mon "N° 6" plus lent ait été proche de 3 centimètres d'eau (il fallait cette pression pour ouvrir ses vannes de gaz), elle aurait été équivalente à 1/333 d'atmosphère ; et comme une atmosphère équivaut à une pression de 1 000 grammes (1 kilogramme) sur un centimètre carré, la pression intérieure de mon « N° 6 » aurait été de 1/333 de 1 000 grammes, soit 3 grammes. Donc sur un mètre carré (10 000 centimètres carrés) de la tête de tige du ballon de mon "N° 6", la pression intérieure aurait été de 10 000 multiplié par 3, soit 30 000 grammes *soit* -30 kilogrammes (66 lbs.).

"SANTOS-DUMONT N°7"

Comment cette pression intérieure est-elle maintenue sans être dépassée ? Si le grand ballon extérieur était rempli d'hydrogène et ensuite scellé avec de la cire à chacune de ses valves, la chaleur du soleil pourrait dilater l'hydrogène, lui faire dépasser cette pression et faire éclater le ballon ; ou si le ballon scellé s'élève haut, la pression décroissante de l'atmosphère extérieure pourrait permettre à son hydrogène de se dilater, avec le même résultat. Les valves à gaz du grand ballon ne doivent donc *pas* être scellées ; et de plus, ils doivent toujours être fabriqués avec beaucoup de soin, afin qu'ils s'ouvrent d'eux-mêmes à la pression requise et calculée.

Cette pression (de 3 centimètres dans le "N° 6"), faut-il le noter, n'est atteinte par l'échauffement du soleil ou par l'élévation de l'altitude que lorsque le ballon est complètement rempli de gaz : ce qu'on peut appeler sa La pression de service, environ un cinquième inférieure, est maintenue par la pompe à air rotative. Actionné en permanence par le moteur, il pompe de l'air en continu dans le plus petit ballon intérieur. La quantité d'air nécessaire pour préserver la rigidité du ballon extérieur reste à l'intérieur du petit ballon intérieur, mais tout le reste s'échappe à nouveau dans l'atmosphère par sa valve à air, qui s'ouvre à un peu moins de pression que les valves à gaz. .

Revenons maintenant au ballon de mon "N° 6". La pression *intérieure* sur chaque mètre carré de sa tête de tige étant en permanence d'environ 30 kilogrammes, la matière en soie qui le compose doit être normalement suffisamment résistante pour la supporter ; néanmoins, il sera facile de voir comment il se libère de plus en plus de cette pression intérieure à mesure que le dirigeable se met en mouvement et augmente sa vitesse. Sa frappe contre l'atmosphère exerce une contre-pression *contre l'extérieur* de la tête de tige. Ainsi, jusqu'à 30 kilogrammes par mètre carré, toute augmentation de la vitesse du dirigeable tend à réduire la tension, de sorte que plus le dirigeable va vite, moins il risque d'éclater la tête !

À quelle vitesse le ballon peut-il être propulsé par le moteur et l'hélice avant que sa tige principale ne heurte l'atmosphère suffisamment fort pour faire plus que neutraliser la pression intérieure ? Cela aussi est une question de calcul ; mais, pour épargner le lecteur, je me contenterai de souligner que mes vols au-dessus de la Méditerranée ont prouvé que le ballon de mon "N° 6" pouvait supporter en toute sécurité une vitesse de 36 à 42 kilomètres par heure sans donnant le moindre soupçon de tension. Si j'avais voulu qu'un dirigeable aux proportions du "N° 6" aille deux fois plus vite dans les mêmes conditions, son ballon aurait dû être assez solide pour supporter quatre fois sa pression intérieure de 3 centimètres d'"eau", car le La résistance de l'atmosphère croît non proportionnellement à la vitesse mais proportionnellement au carré de la vitesse.

Le ballon de mon "N° 7" n'est bien sûr pas construit dans les proportions précises de celui de mon "N° 6", mais je peux mentionner qu'il a été testé pour résister à une pression intérieure bien supérieure à 12 centimètres. de l'eau"; en fait, ses vannes de gaz ne s'ouvrent qu'à cette pression. Cela signifie seulement quatre fois la pression intérieure de mon « n° 6 ». En comparant les deux ballons d'une manière générale, il est donc évident que sans risque de pression extérieure et avec un soulagement positif de la pression intérieure sur sa tige ou sa tête, le ballon de mon "N° 7" peut être entraîné deux fois plus longtemps. aussi rapide que mon rythme méditerranéen décontracté de 42 kilomètres (25 miles) par heure, ou 80 kilomètres (50 miles).

Cela nous amène à la faiblesse unique et paradoxale du dirigeable rapide. Jusqu'au point où la pression extérieure doit égaler la pression intérieure, nous avons vu comment toute augmentation de vitesse garantit en réalité la sécurité de la tige du ballon. Malheureusement, cela n'est pas le cas de la tête arrière du ballon. Là-bas, la pression intérieure est également continue, mais la vitesse ne peut pas la soulager. Au contraire, la *succion* de l'atmosphère derrière le ballon, à mesure qu'il avance, augmente également presque dans la même proportion que la pression provoquée par l'entraînement du ballon contre l'atmosphère. Et cette aspiration, au lieu d'agir pour neutraliser la pression intérieure sur la tête arrière du ballon, *augmente* d'autant la tension, la traction s'ajoutant à la poussée. Aussi paradoxal que cela puisse paraître, le danger du dirigeable rapide est donc de faire exploser sa queue plutôt que sa tête. (Voir Fig. 12.)

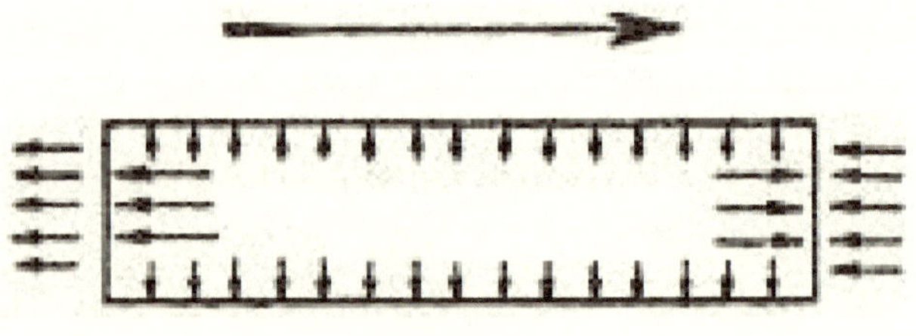

Figure 12

Comment faire face à ce danger ? Evidemment en renforçant la partie arrière de l'enveloppe du ballon. Nous avons vu que lorsque la vitesse de mon "N° 7" sera juste assez grande pour neutraliser complètement la pression intérieure sur sa tête d'étrave, la tension sur sa tête d'arrière sera pratiquement doublée. C'est pour cette raison que j'ai doublé le matériau du ballon à ce stade.

J'ai raison de faire attention au ballon de mon "N°7". Dans cela, le problème de vitesse sera définitivement résolu. Il a deux hélices, chacune de 5 mètres (16½" pieds) de diamètre. L'une poussera, comme d'habitude, depuis la poupe, tandis que l'autre tirera depuis la tige, comme dans mon "No. 4." Son moteur Clément de 60 chevaux lui donnera, si mes attentes sont comblées, une vitesse comprise entre 70 et 80 kilomètres par heure. En un mot, la vitesse de mon "No. 7" nous rapprochera beaucoup de la navigation aérienne pratique et quotidienne, car comme nous avons rarement un vent soufflant même à 50 kilomètres (30 miles) par heure, un tel dirigeable sera sûrement capable de sortir quotidiennement pendant plus de dix mois sur douze.

CHAPITRE XX
UN ACCIDENT ET SES LEÇONS

Le 14 février 1902, à deux heures et demie de l'après-midi, le fidèle dirigeable qui remporta le prix Deutsch quitta l'aérodrome de La Condamine pour ce qui devait être son dernier voyage.

Dès sa sortie de l'aérodrome, il a commencé à se comporter mal, plongeant fortement. Il avait laissé le ballon imparfaitement gonflé, il manquait donc de force ascensionnelle. Pour conserver ma bonne altitude, j'ai augmenté son pointage en diagonale et j'ai continué à pousser l'hélice vers le haut. Bien entendu, l'inclinaison était due au contre-effort de la gravité.

Dans l'atmosphère ombragée de l'aérodrome, l'air était relativement frais. Le ballon était maintenant dehors, dans la chaleur du soleil. En conséquence, l'hydrogène le plus proche de la couverture en soie s'est raréfié rapidement. Le ballon ayant quitté l'aérodrome imparfaitement gonflé, l'hydrogène raréfié a pu se précipiter vers le point le plus haut possible : la tige pointant vers le haut. Cela exagérait l'inclination que j'avais faite exprès. Le ballon pointait de plus en plus haut. En effet, pendant un certain temps, il semblait presque pointer perpendiculairement.

Avant que j'aie eu le temps de corriger ce « cabrage » de mon coursier aérien, de nombreux câbles diagonaux avaient commencé à céder, car la pression oblique exercée sur eux était inhabituelle, et d'autres, y compris ceux du gouvernail, se sont pris dans l'hélice.

Si je laissais l'hélice broyer sur le gréement, l'enveloppe du ballon se déchirerait l'instant d'après, le gaz sortirait du ballon en masse, et je serais précipité dans les vagues avec violence.

J'ai arrêté le moteur. J'étais désormais dans la position d'un aéronaute sphérique ordinaire, à la merci des vents. Ceux-ci m'emmenaient à terre, où je serais bientôt jeté sur les fils télégraphiques, les arbres et les coins des maisons de Monte-Carlo.

Il n'y avait qu'une chose à faire.

Tirant sur la soupape de manœuvre, je laissai échapper une quantité suffisante d'hydrogène et descendis lentement jusqu'à la surface de l'eau dans laquelle le dirigeable coulait.

Le ballon, la quille et le moteur ont été repêchés avec succès le lendemain et expédiés à Paris pour réparation. Ainsi se terminèrent brusquement mes expériences maritimes ; mais ainsi j'ai aussi appris que, même si un ballon correctement gonflé, muni des valves appropriées, n'a rien à craindre du déplacement de gaz, il est préférable d'être prudent et de se prémunir contre la possibilité d'un tel déplacement, lorsque par négligence ou autre on laisse le ballon sortir imparfaitement gonflé.

Pour cette raison, dans tous mes dirigeables successifs, le ballon est divisé en plusieurs compartiments par des cloisons verticales en soie, non vernies. Les cloisons restant non vernies, l'hydrogène gazeux peut passer lentement à travers leurs mailles d'un compartiment à l'autre pour assurer une pression égale partout. Mais comme ce sont néanmoins des cloisons, elles sont toujours prêtes à se prémunir contre tout afflux précipité de gaz vers l'une ou l'autre extrémité du ballon.

En effet, l'expérimentateur des ballons dirigeables doit être continuellement sur ses gardes contre les petites erreurs et les négligences de ses moyens auxiliaires. J'ai quatre hommes qui sont avec moi depuis maintenant quatre ans. Ce sont des experts à leur manière et j'ai toute confiance en eux. Pourtant, ceci s'est produit : le dirigeable a été autorisé à quitter l'aérodrome imparfaitement gonflé. Imaginez alors quel pourrait être le danger d'un expérimentateur avec un ensemble de subordonnés inexpérimentés.

Malgré leur grande simplicité mes dirigeables nécessitent une surveillance constante sur quelques têtes capitales :

Le ballon est-il bien rempli ?

Y a-t-il une possibilité de fuite ?

Le gréement est-il en état ?

Le moteur est-il en état ?

Les cordons commandant le gouvernail, le moteur, le lest d'eau et le câble de guidage de changement de vitesse fonctionnent-ils librement ?

Le ballast est-il correctement pesé ?

Considéré comme une simple machine, le dirigeable ne nécessite pas plus de soins qu'une automobile, mais, au point de vue des conséquences, la nécessité d'une surveillance fidèle et intelligente est tout simplement impérieuse. Aujourd'hui encore, toutes les autoroutes de France sont parsemées de milliers d'automobiles *en panne*, sous lesquelles des conducteurs enthousiastes rampent dans la poussière, bidon d'huile et clé à la main, réparant des accidents momentanés. C'est pour cette raison qu'ils ne pensent pas moins à leur automobile. Pourtant, même si le dirigeable subit le même accident insignifiant, il est probable que le monde entier en saura connaissance.

Au cours des premières années de mes expériences, j'ai insisté pour tout faire moi-même. J'ai « entretenu » mes ballons et mes moteurs de mes propres mains. Mes aides actuels connaissent mes dirigeables actuels, et neuf fois sur dix ils me les remettent en bon état pour le voyage. Pourtant, si je devais commencer des expériences avec un nouveau type, je devrais tous les entraîner à nouveau, et pendant ce temps, je devrais à nouveau prendre soin des dirigeables de mes propres mains.

A cette occasion, l'avion quitta l'aérodrome imparfaitement pesé et gonflé, non pas tant par la négligence de mes hommes qu'en raison de la situation imparfaite de l'aérodrome. Malgré le soin qui avait été apporté à sa conception et à sa construction, de par la nature même de sa situation, il n'y avait pas d'espace extérieur pour faire monter le dirigeable et vérifier si son lest était bien réparti. Si cela avait été fait, le gonflement imparfait du ballon aurait été perçu à temps.

En repensant à toutes mes expériences variées, je réfléchis avec étonnement qu'un de mes plus grands dangers est passé inaperçu, même par moi-même à la fin de mon vol le plus réussi au-dessus de la Méditerranée.

"MES AIDES ACTUELLES COMPRENNENT MES DIRIGEABLES ACTUELS"
MOTEUR DU "N° 6"

C'est à ce moment-là que le prince tenta de saisir mon cordage de guidage et fut projeté au fond de sa *chaloupe à vapeur*. J'étais entré dans la baie après avoir remonté la côte pour rentrer chez moi, et ils me remorquaient vers l'aérodrome. Le dirigeable était descendu très près de la surface de l'eau, et on le tirait encore plus bas au moyen du câble de guidage, jusqu'à ce qu'il ne soit plus à plusieurs pieds au-dessus de la cheminée de la *chaloupe à vapeur*, et cette cheminée crachait des étincelles brûlantes.

N'importe laquelle de ces étincelles brûlantes aurait pu, en s'élevant, brûler un trou dans mon ballon, mettre le feu à l'hydrogène et faire exploser le ballon et moi-même en atomes.

CHAPITRE XXI
LA PREMIÈRE DES STATIONS AÉRIENNES DU MONDE

Les expérimentateurs aériens souffrent d'un désavantage particulier, indépendamment des difficultés propres du problème. Cela est dû à la nouveauté totale du voyage dans une troisième dimension et consiste dans la lenteur avec laquelle nos esprits se rendent compte de la nécessité de prévoir les montées et descentes en diagonale des dirigeables partant et revenant au sol.

Lorsque l'Aéro Club de Paris a aménagé son terrain à St Cloud, c'était dans le seul but de faciliter le montage vertical des ballons sphériques. En effet, rien n'était prévu même pour l'atterrissage des ballons sphériques, car leurs capitaines n'espéraient jamais les ramener au parc de ballons de St Cloud autrement que par chemin de fer, emballés dans leurs cartons. Le ballon sphérique atterrit là où le vent l'emporte.

Lorsque j'ai construit ma première maison de dirigeables sur le terrain du Club à St Cloud, j'ose dire que les avantages alors nouveaux de posséder ma propre usine à gaz, mon atelier et un abri dans lequel les dirigeables gonflés pourraient être logés indéfiniment ont détourné mon attention de ce projet. autre problème d'environnement presque vital. C'était déjà un grand progrès pour moi de ne pas être obligé de vider le ballon et de gaspiller son hydrogène à la fin de chaque voyage. Je me suis donc contenté de construire simplement une maison-avion avec de grandes portes coulissantes, sans même prendre de précautions pour garantir un espace plat et ouvert devant et, moins encore, de chaque côté. Quand, petit à petit, des tranchées d'environ un mètre de profondeur, vagues contours de fondations pour des constructions jamais terminées, ont commencé à apparaître ici et là à droite de mes portes ouvertes et au-delà, j'ai compris que mes aides risquaient de tomber dans l'eau. ils couraient pour attraper ma corde de guidage alors que je devais revenir d'un voyage. Et lorsque le gigantesque squelette de la maison aéronautique de M. Henry Deutsch, destinée à abriter l'aéronef qu'il avait construit sur le modèle de mon "N° 6" et appelé "La Ville de Paris", s'éleva directement devant mon des portes coulissantes, distantes d'à peine deux longueurs de dirigeable, je compris enfin qu'il y avait là quelque chose d'un péril, et plus qu'un simple inconvénient dû à l'encombrement naturel dans l'enceinte d'un club. Malgré le nouveau péril, le prix Deutsch fut remporté. En revenant de la Tour Eiffel, je suis passé bien au-dessus du squelette. Je peux cependant dire ici que les tranchées de fondation ont innocemment provoqué la douloureuse controverse sur mon époque, à laquelle j'ai fait une brève allusion dans ce chapitre. Voyant qu'ils pourraient facilement se casser les jambes en trébuchant dans ces tranchées de fondation, j'avais formellement interdit à mes hommes de traverser cet espace pour attraper ma corde de guidage, les yeux et les bras en l'air. N'imaginant pas qu'un tel point puisse être soulevé, mes hommes obéirent à l'injonction. Constatant que j'étais tout à fait maître de mon gouvernail, de mon moteur et de mon hélice, capable de tourner et de revenir à l'endroit où se tenaient les juges, ils me laissèrent passer au-dessus de leurs têtes sans chercher à m'accrocher et coururent avec le cordage de guidage, chose ils auraient pu le faire facilement – au risque de leurs jambes.

A Monaco encore, après qu'une maison aéronautique bien conçue ait été érigée dans ce qui semblait un endroit idéal, nous avons vu quels dangers étaient pourtant menacés par la digue, le boulevard de la Condamine avec ses poteaux, ses fils, et du trafic, et le désastre final, dû entièrement à l'absence d'aire de pesée à côté de l'aérodrome. Ce sont des dangers et des inconvénients contre lesquels nous parvenons à temps à nous méfier par une expérience réelle et souvent désastreuse.

"SANTOS-DUMONT N°5"
MONTRANT COMMENT LES TERRAINS DE L'AËRO CLUB
ONT ÉTÉ DÉCOUPÉS

Au cours du printemps et de l'été 1902, j'ai fait des voyages en Angleterre et aux États-Unis, dont j'aurai un mot à dire plus tard. Au retour de ces voyages à Paris, je m'occupai aussitôt de choisir l'emplacement d'un aérodrome qui m'appartiendrait et où l'expérience acquise à tant de frais serait mise à profit. Cette fois, j'ai décidé que mon dirigeable devrait avoir suffisamment d'espace autour. Et, en y parvenant en quelque sorte, j'ai réalisé – si je puis dire – la première des stations aéronautiques du futur.

Après de longues recherches, je suis arrivé sur un terrain vague d'une bonne taille, entouré d'un haut mur de pierre, à l'intérieur du ressort de police du

Bois de Boulogne, mais propriété privée, situé rue de Longchamps, à Neuilly St James. Il m'a fallu d'abord m'entendre avec son propriétaire ; puis j'ai dû m'entendre avec les autorités du Bois, qui ont mis du temps à donner un permis de construire pour une construction aussi insolite qu'une maison d'où allaient et venaient des dirigeables.

La rue de Longchamps est une rue pavillonnaire étroite, peu bâtie à cette extrémité, qui donne par la porte Bagatelle sur le bois de Boulogne, à côté du terrain d'entraînement du même nom. Aller et venir de ce côté avec mes dirigeables est cependant incommode à cause des murs des différentes propriétés, des arbres qui bordent si touffu le Bois et des grandes portes du parc. A droite et à gauche de ma petite propriété se trouvent d'autres bâtiments. Derrière moi, de l'autre côté du boulevard de la Seine, se trouve le fleuve lui-même, avec l'île de Puteaux en son sein. C'est de ce côté qu'il faut que j'aille et vienne dans mes dirigeables. En montant en diagonale dans les airs depuis mon propre terrain, je passe par-dessus mon mur, le boulevard de la Seine, et je tourne lorsque je suis bien au-dessus du fleuve. Régulièrement je tourne à gauche et me dirige, en grand arc de cercle, vers le Bois en passant par le terrain d'entraînement, lui-même un espace assez ouvert.

**PREMIÈRE DES STATIONS DE DIRIGEABLES AU MONDE
(NEUILLY ST JAMES)**

Là se dresse dans son parc la première des stations aéronautiques du futur, capable d'héberger sept aéronefs tous gonflés et prêts à naviguer à tout moment ! Mais malgré tous les besoins que j'ai essayé d'y pourvoir, quel endroit petit et restreint il est comparé aux grandes gares hautement organisées que l'avenir doit se produire, avec leurs débarcadères hauts et spacieux. , sur lequel descendront les dirigeables en toute sécurité et commodité, comme de grands oiseaux qui cherchent leur nid sur les rochers plats ! De telles gares peuvent avoir de petites voies réservées aux voitures qui partent de leur intérieur jusqu'aux larges espaces d'atterrissage. Les voitures qui les roulent tireront les dirigeables vers l'intérieur et l'extérieur par leurs câbles de guidage, sans perte de temps ni l'aide d'une douzaine d'hommes ou plus. Leurs tours d'observation serviront de postes de chronométrage pour les juges des courses aériennes ; équipés d'appareils télégraphiques sans fil, ils pourraient être capables de communiquer avec des objectifs éloignés et, peut-être même, avec les dirigeables en mouvement. Des centrales génératrices de gaz seront reliées à leurs stations de dirigeables. Il peut y avoir un atelier casematé pour les essais des moteurs. Il y aura certainement des dortoirs pour les expérimentateurs désireux de partir tôt et de profiter du calme de l'aube. Il est fort probable qu'il y aura également des ateliers d'enveloppes de ballons pour les réparations et les changements, un atelier de menuiserie et un atelier d'usinage, avec des ouvriers intelligents et expérimentés prêts et capables de saisir une idée et de l'exécuter.

Pendant ce temps, on dit que ma station aérienne actuelle ressemble à une grande tente carrée, rayée de rouge et de blanc, située au milieu d'un terrain vague entouré d'un haut mur de pierre. Son aspect de tente est dû à ce que, pressé de l'utiliser, je ne voyais aucune raison de construire ses murs ou son toit en bois. La charpente est constituée de longues rangées de piliers en bois parallèles. Sur leurs sommets est tendu un toit en toile, et les quatre côtés sont faits de la même toile rayée. Cela rend la construction plus solide qu'il n'y paraît à première vue, l'extérieur de la tente pesant quelque 2 600 kilogrammes (5 720 livres) et étant soutenu entre les piliers par des cordages métalliques.

À l'intérieur, les stalles centrales mesurent 9½" mètres (31 pieds) de largeur, 50 mètres (165 pieds) de longueur et 13½" mètres (44½" pieds) de hauteur, offrant ainsi de la place aux plus grands dirigeables sans leur permettre d'entrer en contact les uns avec les autres. Les grandes portes coulissantes ne sont qu'une répétition de celles de Monaco.

Lorsqu'au printemps 1903 j'ai découvert que ma station de dirigeables était terminée, j'avais trois nouveaux dirigeables prêts à y loger. Ils étaient:

"N°7"

Mon "N°7". C'est ce que j'appelle mon dirigeable de course. Il est conçu et réservé aux compétitions importantes, le simple coût de son remplissage en hydrogène s'élevant à plus de 3000 francs (120 £). Il est vrai qu'une fois rempli, il peut être maintenu gonflé pendant un mois au prix de 50 francs par jour d'hydrogène pour remplacer ce qui se perd dans le jeu quotidien de condensation et de dilatation. Ayant une capacité de gaz de 1 257 mètres cubes (près de 45 000 pieds cubes), il possède une puissance de levage deux fois supérieure à celle de mon « N° 6 », dans lequel le prix Deutsch a été remporté ; et tel est le poids nécessaire de son moteur quatre cylindres de 60 chevaux refroidi par eau et de sa machinerie proportionnellement puissante que je n'y prendrai probablement pas plus de lest que j'en ai pris dans le "N° 6". En comparant leurs tailles et leurs puissances de levage, cela ferait cinq

Mon « N° 9 », le nouveau petit « runabout », que je décrirai dans le chapitre suivant. Le troisième des nouveaux dirigeables est

Mon "N° 10", qui a été appelé "L'Omnibus". Sa capacité de gaz de 2 010 mètres cubes (près de 80 000 pieds cubes) rend son ballon plus grand en taille et en puissance de levage que même le « N° 7 » de course ; et si, en effet, je désirais à tout moment y déplacer la quille de ce dernier, toute équipée du moteur et des machines de course, je pourrais combiner un avion très rapide et capable de me transporter, plusieurs aides et une grande réserve de pétrole et d'essence. du lest, sans parler des munitions de guerre, étaient le besoin soudain d'un caractère belliqueux.

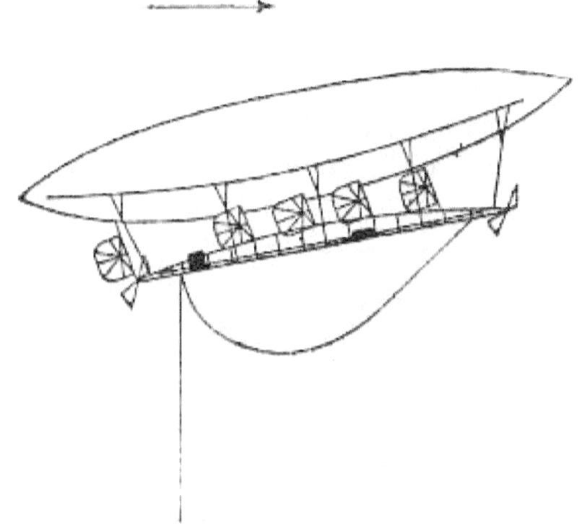

Fig. 13.—"N° 10" en hausse

Le but premier de mon « N° 10 » est cependant bien indiqué dans son nom : « L'Omnibus ». Sa quille, ou plutôt ses quilles, telles que je les ai façonnées, sont doubles, c'est-à-dire que, pendante sous sa quille habituelle, dans laquelle se trouve ma nacelle, il y a une quille passagère qui contient trois nacelles semblables et une nacelle plus petite. pour mon aide. Chaque panier de passagers est suffisamment grand pour contenir quatre passagers ; et c'est pour transporter de tels passagers que « l'Omnibus » a été construit.

"N° 10"
SANS QUILLE PASSAGER

En effet, après mûre réflexion, il m'a semblé que ce devait être le moyen le plus pratique et le plus rapide de populariser la navigation aérienne. Dans mes autres dirigeables, j'ai montré qu'il est possible de monter et de voyager dans les airs selon une trajectoire prescrite sans plus de danger que celui que l'on risque dans n'importe quelle automobile de course. Dans "L'Omnibus", je démontrerai au monde qu'il existe un très grand nombre d'hommes - et de femmes - possédant suffisamment de confiance dans l'idée aérienne pour monter avec moi comme passagers dans le premier des omnibus aériens du futur.

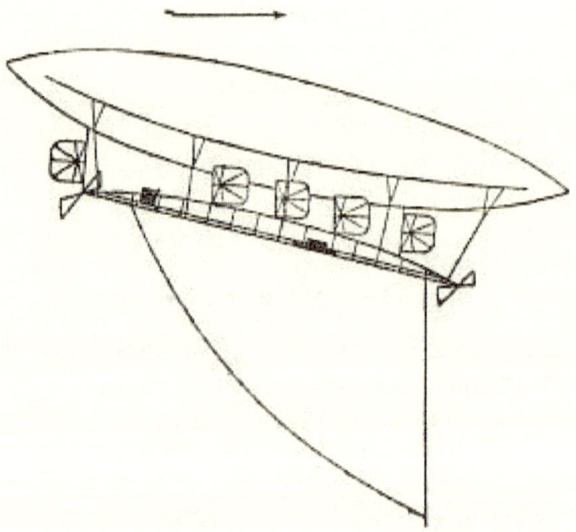

Fig. 14.—"N° 10" descendant

CHAPITRE XXII
MON "N° 9", LE PETIT RUNABOUT

Autrefois, j'étais amoureux des automobiles pétrolières de grande puissance : elles pouvaient se rendre à la vitesse d'un train express vers n'importe quelle partie de l'Europe et trouver du carburant dans n'importe quel village. "Je peux aller à Moscou ou à Lisbonne !" Je me suis dit. Mais quand j'ai découvert que je ne voulais pas aller à Moscou ni à Lisbonne, le petit runabout électrique maniable dans lequel je fais mes courses à Paris et au Bois s'est avéré plus satisfaisant.

Du point de vue de mon plaisir et de ma commodité en tant que Parisien, mon expérience en dirigeable a été similaire. Lorsque le ballon et le moteur de mon "N°7" de 60 chevaux furent terminés, je me dis :

"SANTOS-DUMONT N°9"

"Je peux piloter n'importe quel dirigeable susceptible d'être construit !" Mais quand j'ai constaté que, malgré les sommes versées à la trésorerie de l'Aéro Club, personne n'était prêt à courir avec moi, j'ai décidé de construire un petit runabout dirigeable pour mon plaisir et ma commodité uniquement. J'y passerais le temps en attendant que l'avenir donne naissance à des compétitions dignes de mon métier de course.

J'ai donc construit mon "N°9", le plus petit des dirigeables possibles, mais pourtant très pratique. Tel qu'il était construit à l'origine, la capacité de son ballon n'était que de 220 mètres cubes (7 770 pieds cubes), ce qui me permettait d'emporter moins de 30 kilogrammes (66 livres) de lest - et j'ai donc navigué dessus pendant des semaines, sans inconvénient. Même si j'avais agrandi son ballon à 261 mètres cubes (9218 pieds cubes), le ballon de mon "N° 6", dans lequel j'ai remporté le prix Deutsch, en aurait fait presque trois, tandis que celui de mon "Omnibus" est entièrement rempli. huit fois sa taille. Comme je l'ai déjà dit, son moteur Clément de 3 chevaux ne pèse que 12 kilogrammes (26½" lbs.). Avec un tel moteur, on ne peut pas s'attendre à une grande vitesse ; néanmoins, ce petit runabout maniable m'emmène au-dessus du Bois entre 20 et 25 kilomètres (12 et 15 milles) à l'heure, et ce malgré sa forme ovoïde (fig. 15), qui serait apparemment peu calculée pour couper l'air. En effet, pour le faire réagir promptement au gouvernail, je le conduis en épaisseur. terminer en premier.

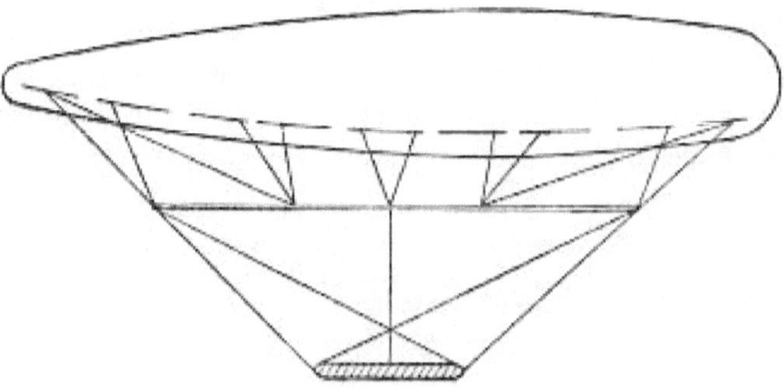

Figure 15

J'ai dit que, tel qu'il était dimensionné à l'origine, le ballon de ce plus petit des dirigeables possibles me permettait d'emporter moins de 30 kilogrammes (66 lbs.) de lest. Comme maintenant agrandi, sa puissance de levage est plus grande ; mais si l'on tient compte de mon propre poids et de celui de la quille, du moteur, de la vis et des machines, le système tout entier ne devient ni plus léger ni plus lourd que l'atmosphère environnante lorsque je l'ai chargé de 60 kilogrammes (132 livres) de lest ; et c'est justement à ce propos qu'il sera le plus facile d'expliquer pourquoi j'ai qualifié ce petit dirigeable de très pratique. Le lundi 29 juin 1903, j'atterris avec lui sur le terrain de l'Aéro Club de St Cloud au milieu de six ballons sphériques gonflés. Après un court appel, je suis reparti.

« On ne peut pas vous donner de l'essence ? » » a demandé poliment mes camarades du club.

"N° 9." AFFICHER LA TAILLE RELATIVE

— Vous m'avez vu venir de Neuilly, répondis-je ; "Est-ce que j'ai jeté du lest ?"

"Vous n'avez jeté aucun lest", ont-ils admis.

"Alors pourquoi aurais-je besoin d'essence ?"

Par curiosité scientifique, je peux raconter que je n'ai ni perdu ni sacrifié un pied cube d'essence ou une seule livre de ballast pendant tout l'après-midi - et cette expérience n'a pas non plus été exceptionnelle dans le petit "N° 9" très pratique. ou même chez ses prédécesseurs. On se souvient que le jour qui suivit l'obtention du prix Deutsch, mon chef mécanicien constata que le ballon de mon "N° 6" ne prenait pas de gaz parce qu'aucun n'avait été perdu.

Après avoir quitté mes camarades à St Cloud cet après-midi, j'ai fait un voyage typiquement pratique. Pour aller de Neuilly St James au terrain de l'Aéro Club j'avais déjà passé la Seine. Maintenant, en la traversant à nouveau, je me dirigeai vers le café-restaurant de « La Cascade », où je m'arrêtai pour me rafraîchir. Il était alors 17 HEURES. Ne voulant pas encore regagner ma station, je traversai la Seine une troisième fois et me dirigeai en ligne droite aussi près du grand fort du mont Valérien que la délicatesse le permettait. Puis, en revenant, j'ai traversé de nouveau la rivière et suis arrivé sur mon terrain à Neuilly.

Pendant tout le voyage, ma plus grande altitude était de 105 mètres (346 pieds). Sachant que ma corde de guidage pend à 40 mètres (132 pieds) en dessous de moi et que la cime des arbres Bois s'élève à environ 20 mètres (70 pieds) du sol, cette altitude extrême ne me laissait que 40 mètres (140 pieds) d'espace libre pour les manœuvres verticales.

C'était assez; et la preuve en est que je ne monte pas plus haut dans ces voyages de plaisir et d'expérimentation. En effet, lorsque j'entends parler de dirigeables s'élevant à 400 mètres (1 300 pieds) dans les airs sans aucun objet justificatif spécial, je suis stupéfait. Comme je l'ai déjà expliqué, l'emplacement du dirigeable se situe normalement à basse altitude ; et l'idéal est de guider la corde sur un parcours suffisamment bas pour être libre de manœuvres verticales. C'est ce à quoi faisait allusion M. Armengaud, *Jeune* , dans son savant discours inaugural prononcé devant la Société Française de Navigation Aérienne en 1901, lorsqu'il me conseillait de quitter la Méditerranée et de parcourir en cordage de grandes plaines comme celle de la Beauce.

"N°9" SAUTER MON MUR

Il n'est pas nécessaire d'aller dans la plaine de la Beauce. On peut guider sur corde même au centre de Paris si on s'y prend au moment opportun. Je l'ai fait.

J'ai fait le tour de l'Arc de Triomphe et le long de l'avenue des Champs-Élysées à une altitude aussi basse que les toits des maisons des deux côtés, sans craindre aucun mal et sans rencontrer de difficultés. Mon premier vol de ce genre s'est produit lorsque j'ai cherché pour la première fois à atterrir dans mon "N°9" devant la porte de ma maison, à l'angle de l'avenue des Champs Elysées et de la rue Washington, le mardi 23 juin. 1903.

Sachant que l'exploit devait être accompli à une heure où l'imposante promenade de plaisance de Paris serait la moins encombrée, j'avais donné instruction à mes hommes de dormir le début de la nuit à la station d'aéronefs de Neuilly Saint-James afin d'être à l'aise. pouvoir préparer le "N° 9" pour un départ matinal à l'aube. Je me suis moi-même levé à 2 HEURES DU MATIN et, dans ma pratique automobile électrique, je suis arrivé à la gare alors qu'il faisait encore nuit. Les hommes dormaient encore. J'ai escaladé le mur, je les ai réveillés et j'ai réussi à quitter la terre lors de mon premier parcours en diagonale vers le haut au-dessus du mur et au-dessus de la Seine avant le lever du jour. En tournant à gauche, je traversai le Bois, repérant les espaces libres pour guider le plus possible la corde.

Quand j'arrivais aux arbres, je sautais par-dessus. Ainsi, naviguant dans l'air frais de l'aube délicieuse, j'atteignis la Porte Dauphine et le début de la large Avenue du Bois de Boulogne, qui mène directement à l'Arc de Triomphe. Cette promenade cochère du Tout-Paris était vide.

«Je guiderai en corde l'avenue du Bois», me disais-je joyeusement.

Ce que cela signifie, vous le comprendrez lorsque je me souviendrai que la longueur de ma corde-guide est à peine de 40 mètres (132 pieds), et qu'il est préférable qu'une corde-guide traîne au moins 20 mètres (66 pieds) sur le sol. Ainsi, parfois, je descendais plus bas que les toits des maisons de chaque côté. J'appelle cela la navigation pratique par dirigeable parce que :

(*a*) Il laisse le navigateur aérien libre de suivre sa route sans tangage et sans souci ni effort pour maintenir son altitude constante.

(*b*) Cela peut être fait en toute sécurité, sans risquer de tomber non seulement sur le navigateur, mais aussi sur le dirigeable, considération qui n'est pas sans mérite si l'on prend en compte le coût, à la fois des réparations et de l'hydrogène gazeux ; et

(*c*) Quand le vent est contraire, comme c'était le cas en cette occasion, on en trouve moins dans ces basses altitudes.

J'ai donc guidé en corde l'avenue du Bois. Ainsi, un jour, les explorateurs guideront leur corde jusqu'au pôle Nord depuis leur bateau à vapeur bloqué par les glaces après qu'il aura atteint son point le plus au nord. En les guidant sur la banquise, ils parcourront les quelques centaines de kilomètres jusqu'au pôle à une vitesse de 60 à 80 kilomètres (40 à 50 miles) par heure. Même au rythme de 50 kilomètres (30 miles), le voyage jusqu'au pôle et le retour au navire pouvaient être effectués entre l'heure du petit-déjeuner et celle du dîner. Je ne dis pas qu'ils atterriront une première fois au pôle, mais ils feront le tour des lieux, feront des observations et reviendront... pour le souper.

J'aurais pu passer une corde sous l'Arc de Triomphe si je m'en étais cru digne. Au lieu de cela, j'ai contourné le monument national par la droite, comme l'exige la loi. Naturellement, j'avais prévu de continuer tout droit sur l'avenue des Champs Elysées, mais là je rencontrai une difficulté. Toutes les avenues qui se rejoignent à la grande "Étoile" se ressemblent depuis le dirigeable. En outre, ils semblent étroits. J'ai été surpris et confus un instant, et ce n'est qu'en regardant en arrière pour constater la situation de l'Arc que j'ai pu trouver mon chemin.

Comme celle du Bois, elle était déserte. Au loin, j'aperçus un taxi solitaire. En le guidant en corde jusqu'à ma maison au coin de la rue Washington, je pensais au temps, sûrement à venir, où les propriétaires de petits dirigeables pratiques ne seront pas obligés d'atterrir dans la rue, mais auront leur guider les cordes attrapées par leurs domestiques sur leurs propres toits-jardins. Mais ces jardins sur les toits doivent être larges et dégagés.

J'atteignis donc mon coin, vers lequel je pointai ma tige, et je descendis très doucement. Deux domestiques attrapèrent, stabilisèrent et retinrent le dirigeable, pendant que je montais à mon appartement pour prendre une tasse de café. De ma baie vitrée ronde au coin, je regardais le dirigeable. Si je recevais l'autorisation municipale, il ne me serait pas difficile de construire un débarcadère ornemental à partir de cette fenêtre.

"N° 9." M. SANTOS-DUMONT ATTERRISS À SA PROPRE PORTE

Des projets comme ceux-ci constitueront un travail pour l'avenir. Pendant ce temps, l'idée aérienne fait son chemin. Un petit garçon de sept ans est monté avec moi dans le « N° 9 », et une charmante jeune femme a parcouru seule ce trajet pendant environ un kilomètre. Le garçon deviendra sûrement capitaine de dirigeable s'il y réfléchit. C'était la *fête des enfants* à Bagatelle, le 26 juin 1903. Descendant parmi eux dans le « N° 9 », je demandai :

"Est-ce qu'un petit garçon veut monter ?"

La confiance et le courage de la jeunesse française et américaine étaient tels que j'ai dû immédiatement choisir parmi une douzaine de volontaires. J'ai pris le plus proche de moi.

"Tu n'as pas peur ?" Ai-je demandé à Clarkson Potter alors que le dirigeable s'élevait.

"Pas du tout", répondit-il. La croisière du « N° 9 » à cette occasion fut naturellement de courte durée ; mais l'autre, dans lequel la première femme à monter, accompagnée ou non, dans un dirigeable, montait en fait seule et conduisait le "N° 9" libre de tout contact humain avec son câble de guidage sur une distance de bien plus d'un kilomètre. (demi-mile), mérite d'être conservé dans les annales de la navigation aérienne.

L'héroïne, une très belle jeune dame cubaine, bien connue dans la société new-yorkaise, ayant visité ma station avec ses amis à plusieurs reprises, a avoué un désir extraordinaire de piloter le dirigeable.

"Auriez-vous le courage d'être embarqué dans le dirigeable libre sans que personne ne tienne son câble de guidage ?" J'ai demandé. "Mademoiselle, je vous remercie pour votre confiance."

"Oh non," dit-elle ; "Je ne veux pas être emporté. Je veux monter seul et y naviguer librement, comme vous le faites."

Je pense que le simple fait que j'ai consenti à la condition qu'elle prenne quelques leçons de maniement du moteur et des machines parle éloquemment en faveur de ma propre confiance dans le « N° 9 ». Elle suivit trois de ces leçons, puis le 29 juin 1903, date qui restera mémorable dans le Fasti du ballon dirigeable, s'élevant du terrain de ma station dans le plus petit des dirigeables possibles, elle cria : « Lâchez tout !

De ma station de Neuilly St James, elle a guidé en corde jusqu'à Bagatelle. La corde de guidage, qui traînait sur environ 10 mètres (30 pieds), lui donnait une altitude et un équilibre qui ne variaient jamais. Je ne dirai pas que personne n'a couru à côté du guide-corde traînant, mais certainement personne n'y a touché jusqu'à la fin de la croisière à Bagatelle, quand le moment était venu d'abattre l'intrépide navigatrice.

CHAPITRE XXIII
LE DIRIGEABLE EN GUERRE

Le samedi matin 11 juillet 1903, vers 10 HEURES DU MATIN , le vent soufflant alors en rafales, j'acceptai le pari d'aller déjeuner au restaurant sylvestre de "La Cascade" dans mon petit dirigeable "N°9". . Alors que le « N° 9 », avec son ballon en forme d'œuf et son moteur de seulement 3 chevaux, n'était pas construit pour la vitesse, ni, ce qui revient au même, pour lutter contre le vent, je pensais que je pourrais le faire. fais-le. Arrivé à ma gare de Neuilly St James vers 11h30, J'AI fait sortir la petite embarcation et la peser et l'équilibrer soigneusement. Il était en parfait état, n'ayant rien perdu de son gaz de la veille. A 11h50, je suis parti. Heureusement, le vent est venu de plein fouet alors que je me dirigeais vers « La Cascade ». Ma progression n'a pas été rapide, mais j'ai néanmoins retrouvé mes amis sur la pelouse de ce café-restaurant du Bois de Boulogne à 12h30. Nous avons pris notre déjeuner, et je m'apprêtais à partir quand commença une aventure qui risque de m'emmener loin.

Comme chacun le sait, le restaurant "La Cascade" est proche de Longchamps. Pendant que nous déjeunions, des officiers de l'armée française occupés à marquer les positions des troupes pour la grande revue du 14 juillet observaient l'aéronef sur la pelouse et venaient l'inspecter.

"Voulez-vous venir à la revue ?" on m'a demandé. L'année précédente, il avait été question d'une telle manifestation en présence de l'armée, mais j'avais hésité pour des raisons qu'on devine facilement. Après la visite du roi d'Angleterre, on me demanda de tous côtés pourquoi je n'avais pas sorti le dirigeable en son honneur, et les mêmes questions s'étaient posées en prévision de la visite du roi d'Italie, qui était censé être présent à cet examen.

J'ai répondu aux officiers que je n'arrivais pas à me décider ; que je n'étais pas sûr de la manière dont une telle apparition serait perçue ; et que mon petit « n° 9 » — le seul de ma flotte réellement « en service » — n'étant pas construit pour lutter contre des vents violents, je ne pouvais pas être sûr d'y maintenir un engagement.

"N° 9." SUR LE BOIS DE BOULOGNE

« Venez choisir un endroit pour atterrir », dirent-ils ; "nous vous le délimiterons de toute façon." Et comme je continuais d'insister sur mon incertitude d'être présent, ils m'ont très courtoisement désigné et marqué eux-mêmes une place, en face de celle qui devait être occupée par le Président de la République, afin que M. Loubet et ses collaborateurs puissent avoir une vision parfaite des évolutions du dirigeable.

"Vous viendrez si vous le pouvez", ont déclaré les officiers. "Vous n'avez pas à craindre de prendre un engagement aussi provisoire, car vous avez déjà donné vos preuves."

J'espère que je ne serai pas mal compris lorsque je dis qu'il est possible que ces officiers supérieurs aient fait du bon travail pour leur armée et leur pays ce matin-là - parce que, pour commencer, il faut faire un début - et je n'aurais guère osé le faire. l'examen sans une sorte d'invitation.

En m'aventurant à la revue, comme je l'ai fait en conséquence, toute une suite d'événements s'ensuivit.

Au petit matin du 14 juillet 1903, alors que le « N° 9 » était pesé et équilibré, j'étais nerveux à l'idée qu'un événement imprévu puisse lui arriver dans mes propres locaux. On se trouve ainsi souvent dans de grandes occasions, et je n'ai pas cherché à me cacher que celle-ci, la première présentation d'un dirigeable à une armée, serait une grande occasion.

Les jours ordinaires, je n'hésite jamais à monter depuis mon terrain, par-dessus le mur de pierre et la rivière, et ainsi de suite jusqu'à Bagatelle. Ce matin, j'ai fait remorquer le "N°9" jusqu'au garde-corps de Bagatelle au moyen de son cordage guide.

A 8h30 , j'ai appelé : "Lâchez-vous tous !" En montant, j'ai trouvé mon cap à une altitude de moins de 100 mètres (330 pieds), et en quelques instants, j'ai tourné et manoeuvré au-dessus des têtes des soldats les plus proches de moi. De là, je passai Longchamps et, arrivant en face du président, je tirai une salve de vingt et une cartouches de revolver à blanc.

Je n'ai pas pris la place qui m'était réservée. Craignant de troubler le bon ordre de la revue en prolongeant un spectacle insolite, je fis mes évolutions en présence de l'armée durer, au total, moins de dix minutes. Après cela, je me dirigeai vers le terrain de polo, où je fus félicité par nombre de mes amis.

"N° 9." À LA REVUE MILITAIRE, LE 14 JUILLET 1903

Ces félicitations, je les trouvai le lendemain répétées dans les journaux de Paris, accompagnées de conjectures de toutes sortes sur l'emploi du dirigeable en temps de guerre. Les officiers supérieurs venus me trouver ce matin-là à « La Cascade » m'avaient dit : « C'est pratique et il faudra en tenir compte en temps de guerre.

"Je suis entièrement à votre service !" avait été ma réponse à l'époque ; et maintenant, sous ces influences, je m'assis et écrivis au ministre de la Guerre, lui proposant, en cas d'hostilités avec un pays autre que ceux des deux Amériques, de mettre ma flotte aérienne à la disposition du gouvernement de la République.

Ce faisant, je me contente de formuler par écrit l'offre que je devrais certainement me sentir obligé de faire en cas d'éclatement de telles hostilités à un moment ultérieur au cours de mon séjour en France. C'est en France que j'ai rencontré tous mes encouragements ; en France et avec du matériel français j'ai fait toutes mes expériences ; et la plupart de mes amis sont français. J'ai excepté les deux Amériques parce que je suis Américain, et j'ai ajouté que dans le cas impossible d'une guerre entre la France et le Brésil, je me sentirais obligé de proposer mes services au pays de ma naissance et de ma citoyenneté.

Quelques jours plus tard, je reçus la lettre suivante du ministre français de la Guerre :

RÉPUBLIQUE FRANÇAISE,
PARIS, le 19 juillet 1903.

MINISTÈRE DE LA GUERRE,
CABINET DU MINISTRE.

MONSIEUR, Lors de la Revue du 14 juillet, j'avais remarqué et admiré la facilité et la sécurité avec lesquelles le ballon que vous pilotiez faisait ses évolutions. Il était impossible de ne pas reconnaître les progrès que vous avez apportés à la navigation aérienne. Il semble que, grâce à vous, une telle navigation doive désormais se prêter à des applications pratiques, notamment au point de vue militaire.

J'estime qu'à cet égard, elle peut rendre des services très substantiels en temps de guerre. Je suis donc très heureux d'accepter l'offre que vous faites, de mettre, en cas de besoin, votre flottille aérienne à la disposition du Gouvernement de la République, et, en son nom, je vous remercie de votre gracieuse proposition, ce qui témoigne de votre vive sympathie pour la France.

J'ai chargé le chef du bataillon Hirschauer, commandant le bataillon des aérostiers du premier régiment du génie, d'examiner, d'accord avec vous, les dispositions à prendre pour mettre à exécution les intentions que vous avez manifestées. Le lieutenant-colonel Bourdeaux, sous-chef de mon cabinet, sera également associé à cet officier supérieur, afin de me tenir personnellement au courant des résultats de vos travaux communs.

Recevez, Monsieur, les assurances de ma considération la plus distinguée.

(Signé) Général André.

Un monsieur Alberto Santos-Dumont.

Le vendredi 31 juillet 1903, le commandant Hirschauer et le lieutenant-colonel Bourdeaux passèrent l'après-midi avec moi à ma station de dirigeables à Neuilly Saint-James, où j'avais mes trois dirigeables les plus récents : le « n°7 de course », l'omnibus. « N° 10 » et le runabout « N° 9 » – prêts pour leur étude. En bref, je puis dire que les opinions exprimées par les représentants du ministre de la Guerre étaient si favorables sans réserve qu'il fut décidé de procéder à une épreuve pratique d'un personnage nouveau. Si le dirigeable choisi le traverse avec succès, le résultat sera concluant quant à sa valeur militaire.

Maintenant que ces expériences particulières échappent à mon contrôle exclusivement privé, je n'en dirai pas plus que ce qui a déjà été publié dans la presse française. L'essai consistera probablement en une tentative d'entrer dans une des villes frontières françaises, comme Belfort ou Nancy, le jour même où l'avion quitte Paris. Il ne sera bien entendu pas nécessaire de faire tout le voyage en dirigeable. Un wagon de chemin de fer militaire peut être chargé de le transporter, avec son ballon non gonflé, avec des tubes d'hydrogène pour le remplir, et avec toutes les machines et instruments nécessaires disposés à côté. Dans une gare située à une courte distance de la ville où l'on veut entrer, le wagon pourra être dételé du train, et un nombre suffisant de soldats accompagnant les officiers déchargeront le dirigeable et ses appareils, transporteront le tout jusqu'à l'espace ouvert le plus proche, et commencez immédiatement à gonfler le ballon. Dans les deux heures suivant la descente du train, le dirigeable peut être prêt pour son vol vers l'intérieur de la ville techniquement assiégée.

Tel peut être le schéma de la tâche, tâche présentée impérieusement aux aérostiers français par les événements de 1870-1871, et que tout le dévouement et la science des frères Tissandier n'ont pas réussi à accomplir. Aujourd'hui, le problème peut être résolu avec de meilleurs espoirs de succès. Toutes les difficultés essentielles peuvent être ravivées par le marquage autour de la ville d'une zone hostile dans laquelle il faut pénétrer ; au-delà du bord extérieur de cette zone, le dirigeable s'élèvera et prendra son vol à travers elle.

Le dirigeable sera-t-il capable de s'élever hors de portée des fusils ? J'ai toujours été le premier à insister sur le fait que l'emplacement normal du dirigeable est à basse altitude, et j'aurais écrit ce livre en vain si je n'avais montré au lecteur les dangers réels liés à toute montée verticale *brusque à des hauteurs considérables.* . Pour cela, nous avons sous les yeux le terrible accident du Severo. En particulier, j'ai exprimé mon étonnement en entendant parler d'expérimentateurs s'élevant à ces altitudes sans but précis au cours des premiers stades de leur expérience avec des ballons dirigeables. Mais tout cela est bien différent d'une montée raisonnée et prudente, dont la nécessité a été prévue et préparée.

Pour rester hors de portée des fusils, le dirigeable sera rarement obligé de faire ces formidables sauts verticaux. Son navigateur, même à altitude modérée, bénéficiera d'une vue très étendue sur la campagne environnante. Il pourra ainsi apercevoir le danger de loin et prendre ses précautions. Même dans mon petit "N° 9", qui ne transporte que 60 kilogrammes (132 livres) de lest, je pourrais m'élever, matériellement aidé par mes poids mobiles et mon hélice, à de grandes hauteurs. Si je ne l'ai pas fait, c'est que cela n'aurait servi à rien pendant une période de navigation de plaisance, tandis que cela n'aurait fait qu'ajouter du danger à des expériences dont j'ai cherché à éliminer tout danger. De tels dangers ne doivent être acceptés que lorsqu'une bonne cause les justifie.

Les expériences mentionnées ci-dessus sont, bien entendu, de nature intéressante pour la guerre terrestre. Je ne peux cependant pas abandonner ce sujet sans évoquer un avantage maritime unique du dirigeable. C'est la capacité de son navigateur à percevoir les corps se déplaçant sous la surface de l'eau. En croisière au bout de son cordage guide, le dirigeable transportera son navigateur ici et là à volonté à la bonne hauteur au-dessus des vagues. Tout bateau sous-marin, poursuivant furtivement sa route sous eux, lui sera magnifiquement visible, alors que depuis le pont d'un navire de guerre, il serait tout à fait invisible. C'est un fait bien observé et qui dépend de certaines lois optiques. Ainsi, très curieusement, le dirigeable du XXe siècle doit devenir dès le début le grand ennemi de cette autre merveille du XXe siècle — le bateau sous-marin — et non seulement son ennemi mais son maître. Car, tandis que le bateau sous-marin ne peut nuire au dirigeable, celui-ci, ayant deux fois sa vitesse, peut naviguer pour le trouver, suivre tous ses mouvements et les signaler aux navires de guerre contre lesquels il se déplace. En effet, il pourrait être capable de détruire le bateau sous-marin en lui envoyant de longues flèches remplies de dynamite, et capables de pénétrer à des profondeurs sous les vagues impossibles à tirer depuis les ponts d'un navire de guerre.

CHAPITRE XXIV
PARIS COMME CENTRE D'EXPÉRIENCES AÉRIENNES

Après avoir quitté Monte-Carlo, en février 1902, je reçus de nombreuses invitations de l'étranger pour piloter mes dirigeables. A Londres notamment, j'ai été reçu avec une grande convivialité par l'Aéro Club de Grande-Bretagne, sous les auspices duquel mon "N° 6", pêché au fond de la baie de Monaco, réparé et à nouveau gonflé, a été exposé au Palais de Cristal.

De Saint-Louis, où les organisateurs de l'exposition du centenaire de l'achat de la Louisiane avaient déjà décidé de faire des vols aériens une caractéristique de leur exposition universelle de 1904, j'ai reçu une invitation à inspecter les lieux, à suggérer un cours et à conférer avec eux sur les conditions. . Comme il fut officiellement annoncé qu'une somme de 200 000 dollars avait été votée et réservée aux prix, on pouvait s'attendre à ce que l'émulation des expérimentateurs aéronautiques soit bien suscitée.

En arrivant à Saint-Louis à l'été 1902, je vis tout de suite que les splendides espaces ouverts du parc des expositions offraient le meilleur des hippodromes. L'idée dominante à ce moment-là dans l'esprit de certaines autorités était d'établir un long parcours de plusieurs centaines de kilomètres, par exemple de Saint-Louis à Chicago. Ceci, ai-je souligné, serait impraticable, ne serait-ce que parce que le public de l'Exposition désirerait voir les vols du début à la fin. J'ai suggéré que trois grandes tours ou mâts de drapeau soient érigés sur le terrain, aux coins d'un triangle égaux. Le parcours relativement court autour d'eux - entre 10 et 20 milles - permettrait un test décisif de dirigeabilité, quelle que soit la direction du vent ; tandis que pour la vitesse, la moyenne nécessaire pourrait être augmentée de 50 pour cent. supérieur à celui fixé pour le concours du prix Deutsch à Paris.

Tel fut mon modeste conseil. J'ai pensé aussi que, sur le crédit de 200.000 dollars (1.000.000 de francs), il fallait offrir un grand prix d'aérostation dirigeable de 100.000 dollars ; c'est seulement grâce à une telle incitation, me semblait-il, qu'on pourrait susciter l'émulation nécessaire parmi les expérimentateurs aéronautiques.

Sans jamais chercher à tirer profit de mes dirigeables, j'ai toujours proposé de concourir pour remporter des prix. À Londres, puis à New York, avant et après ma visite à Saint-Louis, des compétitions sanctionnées par des prix m'ont été suggérées pour un effort immédiat. Je les ai tous acceptés à tel point que j'ai fait amener mes dirigeables sur place au prix d'un coût et d'un effort considérables, et si les fonds du prix avaient été déposés, j'aurais fait de mon mieux pour les gagner. Ces gisements échouant, je retournai chacun chez moi à Paris pour continuer mes expériences à ma manière, en attendant le grand concours de Saint-Louis.

Prix ou pas de prix, je dois travailler, et je travaillerai toujours dans ce domaine de prédilection qu'est l'aérostation. Pour cela, ma place est Paris, où le public, en particulier la population aimable et enthousiaste, me connaît et me fait confiance. Ici, à Paris, j'y monte chaque jour pour mon propre plaisir, en récompense d'une expérience longue et coûteuse.

En Angleterre et en Amérique, c'est tout à fait différent. Lorsque j'emmène mes dirigeables et mes employés dans ces pays, que je construis ma propre maison de ballons, que je meuble ma propre usine à gaz et que je risque de casser des machines qui coûtent plus cher que n'importe quelle automobile, je veux que cela soit fait avec un objectif bien établi.

Je dis que je veux que cela se fasse avec un objectif fixé, afin que, si j'atteins cet objectif, je ne puisse plus être critiqué, au moins sur ce point particulier. Sinon, je pourrais aller sur la Lune et en revenir sans rien accomplir aux yeux de mes critiques et, quoique peut-être dans une moindre mesure, aux yeux du public qu'ils influencent.

Pourquoi ai-je cherché à gagner des prix ? Parce que la consécration la plus rationnelle d'un tel effort et de sa réalisation se trouve dans une récompense financière importante. L'esprit du public fait le lien évident. Lorsqu'un prix de valeur est remis, il conclut que quelque chose a été fait pour le gagner.

Pour gagner de tels prix, j'ai donc attendu longtemps à Londres et à New York ; mais, comme on ne passait jamais des paroles aux actes, après m'être bien amusé, tant socialement que touristique, je suis retourné à mon travail et à mes plaisirs dans ce Paris que j'appelle ma maison.

Et vraiment, après tout, il n'y a pas d'endroit comme Paris pour les expériences sur les dirigeables. Nulle part ailleurs l'expérimentateur ne peut compter sur une telle libéralité des autorités municipales et étatiques.

Prenons comme exemple le développement de l'automobilisme. Il est universellement admis, j'imagine, que cette grande industrie particulièrement française n'aurait pas pu se développer sans le permis de vitesse que les autorités françaises ont largement autorisé. Malgré les influences sociales et industrielles les plus puissantes, et bien que ce soit au tour de l'Angleterre d'offrir l'hospitalité à la course de la coupe James Gordon Bennett de 1903, les automobilistes anglais n'ont pas été autorisés à mettre leurs splendides routes hors de l'usage du public pour sa cause. hébergement pour une seule journée. Le grand événement devait donc avoir lieu en Irlande.

En France, et en France seulement, ce ne sont pas seulement les autorités, mais la grande masse des citoyens, si soucieux de leur avantage dans le développement de cette industrie nationale, que, jour après jour, année après année, ils permettent à dix mille des automobiles à parcourir les routes à une vitesse vraiment dangereuse. A Paris, en particulier, on constate une moyenne « torride » dans son grand Parc et dans ses avenues et rues mêmes qui effrayent les Londoniens et les touristes de New York.

Dans le même ordre d'idées, je peux affirmer ici que, malgré les tragiques accidents d'avions de 1902, je n'ai jamais été limité ni en aucune manière gêné dans le cours de mes expériences par les autorités parisiennes ; tandis que pour le public, peu importe où j'atterris avec un dirigeable - dans les routes de campagne des banlieues, dans les jardins privés, même des grandes villas, dans les avenues, les parcs et les places publiques de la capitale - je rencontre des gens invariables. aide amicale, protection et enthousiasme.

Depuis ce premier jour mémorable où les grands faisaient voler leurs cerfs-volants au-dessus de Bagatelle se sont saisis de ma corde de guidage et m'ont sauvé d'une vilaine chute aussi promptement et intelligemment qu'ils avaient saisi l'idée de me tirer contre le vent, jusqu'au moment critique de ce jour d'été. en 1901, lorsque, lors de ma première épreuve pour le prix Deutsch, je suis descendu pour réparer mon gouvernail, et que des ouvriers de bonne humeur m'ont trouvé une échelle en moins de temps qu'il ne me faut pour écrire les mots - et jusqu'à l'instant présent , quand je prends plaisir au Bois dans mon petit « N° 9 », je n'ai eu que l'amabilité invariable de la populace parisienne intelligente.

Je n'ai pas besoin de dire que c'est une grande chose pour un expérimentateur de dirigeables de bénéficier ainsi de la confiance et de l'aide amicale de toute une population. Au-dessus de certaines frontières européennes, des ballons sphériques ont même été visés. Et je me suis souvent demandé quel genre d'accueil un de mes dirigeables recevrait dans les campagnes de l'Angleterre même.

Pour ces raisons, et cent autres, je considère que le domicile de mon dirigeable, comme le mien, est à Paris. Enfant, au Brésil, mon cœur se tournait vers la Ville Lumière, au-dessus de laquelle, en 1783, avait été envoyé le premier Montgolfier ; où le premier aéronaute du monde avait fait sa première ascension ; où le premier ballon à hydrogène avait été lâché ; où pour la première fois un dirigeable avait été construit pour naviguer dans les airs avec sa machine à vapeur, son hélice et son gouvernail.

Dans ma jeunesse, j'ai fait ma première ascension en montgolfière depuis Paris. J'ai rencontré à Paris des constructeurs de ballons, des constructeurs de moteurs et des machinistes possédant non seulement de l'habileté mais de la patience. C'est à Paris que j'ai fait toutes mes premières expériences. A Paris, j'ai remporté le prix Deutsch pour le premier dirigeable à accomplir une tâche dans un délai limité. Et maintenant que j'ai non seulement ce que j'appelle mon dirigeable de course, mais un petit runabout avec lequel prendre mon plaisir au-dessus des arbres du Bois, c'est à Paris que j'y jouis

de ma récompense comme... ce qu'on m'appelait autrefois avec reproche : un
« sportif aérostatique !

"N° 9." VU D'UN BALLON CAPTIF, LE 11 JUIN 1903

FABLE DE CONCLUSION
PLUS DE RAISONNEMENT DES ENFANTS

Durant ces années, Luis et Pedro, les ingénieux campagnards que nous avons trouvés raisonnant sur des inventions mécaniques dans la Fable introductive de ce livre, ont passé quelque temps à Paris. Ils étaient présents à la remise du prix Deutsch de navigation aérienne ; ils passèrent l'hiver 1901-1902 à Monte-Carlo ; eut de bonnes places à la revue du 14 juillet 1903 ; et ont élargi leur éducation par la lecture assidue des hebdomadaires scientifiques et des quotidiens. Ils se préparent désormais à retourner au Brésil.

L'autre jour, attablés à la terrasse d'un café du Bois de Boulogne, ils ont discuté du problème de la navigation aérienne.

"Ces tentatives avec des soi-disant ballons dirigeables ne peuvent pas nous rapprocher de la solution", a déclaré Pedro. « Regardez, ils sont remplis d'une substance – l'hydrogène – quatorze fois plus légère que le milieu dans lequel elle flotte : l'atmosphère. Il serait tout aussi possible de forcer une bougie de suif à travers un mur de briques !

"Pedro", dit Luis, "tu te souviens de tes objections à propos de mes roues de chariot ?"

....

« Au moteur de la locomotive ? »

....

« Au bateau à vapeur ?

"Notre seul espoir de naviguer dans les airs", continua Pedro, "doit, dans la nature des choses, résider dans des appareils plus lourds que l'air, dans des machines volantes ou des avions. Raisonnez par analogie. Regardez l'oiseau..."

"Une fois, tu m'as demandé de regarder le poisson", a déclaré Luis. "Vous avez dit que le bateau à vapeur devait se faufiler sur l'eau..."

"Soyez sérieux, Luis," dit Pedro d'un ton concluant. "Faites preuve de bon sens. L'homme vole-t-il ? Non. L'oiseau vole-t-il ? Oui. Alors, si l'homme veut voler, qu'il imite l'oiseau. La nature a créé l'oiseau. La nature ne se trompe jamais."

NOTES DE BAS DE PAGE

A Au petit matin du 12 mai 1902, M. Augusto Severo, accompagné de son mécanicien Sachet, partit de Paris pour un premier essai avec la "Pax", invention et construction de M. Severo. La "Pax" s'élève aussitôt à une hauteur presque double de celle de la Tour Eiffel, lorsque, pour des raisons inconnues avec précision, elle explose et s'écrase sur terre avec ses deux passagers. La chute a duré huit secondes et les malchanceux expérimentateurs ont été ramassés par des masses brisées et informes.

B "À travers *les cieux* jusqu'ici sans navigation", au lieu de

" *Por mares nunca d'antes navegados* " -
" Sur *les mers* jusqu'ici innavigables. "

C "Une demi-heure après le retour de l'aéronaute, le vent devint violent, une forte tempête s'ensuivit et la mer devint très agitée." (Édition parisienne, *New York Herald* , 13 février 1902.)